Mentor Lernhilfe
Band 45
Mathematik

Geometrie für die 9./10. Klasse, 2

Trigonometrie, Winkelfunktionen, Additionstheoreme, Vektorrechnung

Von Rolf Baumann

Mit Lösungsteil zum Heraustrennen

Mentor Verlag München

Rolf Baumann: Dozent und Lehrgangsleiter an der Volkshochschule

Für beratende Mitarbeit danken Autor und Verlag Herrn Studiendirektor Helmuth Preckur, Lehrer und Fachbetreuer für Mathematik an der Berufsoberschule für Technik, München

Technische Zeichnungen von Nikola Wachsmuth,
Illustrationen von Pieter Kunstreich

Auflage: 6. 5. 4. 3. | Letzte Zahlen
Jahr: 1995 94 93 | maßgeblich

Druck: Druckhaus Langenscheidt, Berlin
Printed in Germany. ISBN 3-580-64450-5

Vorwort

Dieser Mentor-Band will und kann nicht Dein Schulbuch oder gar den Unterricht ersetzen. Er ist vielmehr als Hilfe gedacht, wenn Du entstandene Lücken auffüllen willst.
Erlaube mir, daß ich Dich noch immer mit „Du" anspreche, denn meine Erfahrung hat mir gezeigt, daß auf dieser persönlicheren Ebene viele Erklärungen direkter ankommen und leichter verstanden werden.

Zur Arbeitsweise mit diesem Buch ein paar Bemerkungen:

- Bei den Hinführungen zu den Regeln findest Du viele „unvollständige" Zeichnungen bzw. Konstruktionen, die Du ergänzen sollst.
- In den Texten tauchen häufig ______ Lücken auf, in die Du die fehlenden Worte bzw. Zahlen einsetzen sollst.
- Daneben triffst Du oft auf Gegensatzpaare (*positiv*/*negativ*), die schräg (*kursiv*) gedruckt sind. Du sollst Dich hier entscheiden und eines der Worte durchstreichen.

Im angefügten Lösungsteil findest Du nicht nur die vervollständigten Zeichnungen und alle Lösungen, sondern auch den Lösungsweg.

Mein dringender Rat dazu heißt:
Entscheide, zeichne und rechne immer zuerst selbst, bevor Du im Lösungsteil nachschaust. Ergänze, streiche und zeichne in Zweifelsfällen mit Bleistift – dann kannst Du später noch korrigieren!
An die Reihenfolge der Kapitel mußt Du Dich beim Durcharbeiten dieses Buches nicht halten. Das Kapitel über die „Vektorrechnung" kannst Du z. B. schon in der 9. Klasse bearbeiten; erst der Abschnitt über die „Winkel zwischen zwei Vektoren" setzt Trigonometriekenntnisse voraus.
Am Schluß des Textteils findest Du ein ausführliches Stichwortverzeichnis. Mit Hilfe dieses Verzeichnisses kannst Du die Stoffgebiete heraussuchen, die Dir Schwierigkeiten machen. Das betreffende Kapitel solltest Du aber von Anfang bis Ende durcharbeiten.
Für die Arbeit mit dem Buch wünsche ich Dir Ausdauer und für Dein Abschneiden in der Schule wünsche ich Dir viel Erfolg!

Rolf Baumann

PS. Übrigens hab' ich Dir gleich auf der folgenden Seite ein Verzeichnis der mathematischen Zeichen und Abkürzungen, die für Dich wichtig sind, zusammengestellt.

Mathematische Zeichen und Abkürzungen

$\mathbb{N}$	Menge der natürlichen Zahlen $\mathbb{N}=\{1; 2; 3; 4; \ldots\}$
$\mathbb{N}_0$	Menge der natürlichen Zahlen einschließlich der Null $\mathbb{N}_0=\{0; 1; 2; 3; 4; \ldots\}$
$\mathbb{Z}$	Menge der ganzen Zahlen $\mathbb{Z}=\{\ldots -3; -2; -1; 0; 1; 2; 3; \ldots\}$
$\mathbb{Q}$	Menge der rationalen Zahlen (Zur Menge der ganzen Zahlen kommen noch die Brüche hinzu.)
$\mathbb{Q}^+$	Menge der positiven rationalen Zahlen
$\mathbb{Q}^-$	Menge der negativen rationalen Zahlen
$\mathbb{R}$	Menge der reellen Zahlen (Zur Menge der rationalen Zahlen kommen noch die irrationalen Zahlen z. B. $\sqrt{2}$; π … hinzu.)
$\{\ \}$ oder $\emptyset$	Leere Menge
$\{a; b; c\}$	Menge mit den Elementen a, b und c
$\{x \mid \ldots\}$	Menge aller x, für die gilt … bzw. Menge aller x, mit der Eigenschaft
$\mathbb{G}$	Grundmenge
$\mathbb{D}$	Definitionsmenge
$\mathbb{L}$	Lösungsmenge
$\setminus$	ohne; z. B. $\mathbb{A}\setminus\mathbb{B}$ Menge $\mathbb{A}$ **ohne** Menge $\mathbb{B}$
$\in$	… Element von …
$\notin$	… nicht Element von …
$\subseteq$	… Teilmenge von …
$\subset$	… echte Teilmenge von …
$\cup$	… vereinigt mit …
$\cap$	… geschnitten mit …
$\vee$	… oder auch …
$\wedge$	… und zugleich …
$\neg$	nicht … bzw. Verneinung
$=$	… gleich …
$\neq$	… nicht gleich …
$\widehat{=}$	entspricht
$>$	… größer als …
$\geqq$	… größer oder gleich …
$<$	… kleiner als …
$\leqq$	… kleiner oder gleich …
$\approx$	… ungefähr gleich …
$\sim$	… direkt proportional … bzw. … ähnlich zu …
$\Rightarrow$	aus … folgt bzw. wenn … dann …
$\Leftrightarrow$	… äquivalent … bzw. … genau dann, wenn …
$\lvert a \rvert$	(absoluter) Betrag von a
$\sqrt{a}$	Wurzel aus a
f, g, h …	Funktionen
f^* oder f^{-1}	Umkehrfunktion

P, A, B, …	Punkte
$P(x \mid y)$ oder $P(x/y)$	Punkt P mit den Koordinaten x und y
g, h, …	Geraden
PQ	Gerade durch P und Q
[PQ	Halbgerade durch Q mit dem Anfangspunkt P
[PQ]	Strecke mit den Endpunkten P und Q
$\overline{PQ}$	Länge der Strecke [PQ]
k(M; r)	Kreislinie mit dem Mittelpunkt M und dem Radius r
∢ PQR	Winkel mit dem Scheitel Q und dem ersten Schenkel [QP und dem zweiten Schenkel [QR bzw. Maß dieses Winkels bzw. Größe dieses Winkels
$\alpha, \beta, \gamma, \eta, \mu, \tau, \omega \ldots$	Maße von Winkeln
$\perp$	… senkrecht auf … bzw. … orthogonal zu … bzw. … rechtwinklig zu …
$\parallel$	… parallel zu …
$\cong$	… kongruent zu …
$\overrightarrow{PQ}$	Vektor
$\vec{a}$	Vektor
$\lvert\vec{a}\rvert$ oder a	Länge des Vektors $\vec{a}$
$\begin{pmatrix} a \\ b \end{pmatrix}$	Vektor mit den Komponenten a und b
$\xmapsto{a}$	… wird durch eine Achsenspiegelung an der Achse a abgebildet auf …
$\xmapsto{Z}$	… wird durch eine Punktspiegelung am Punkt Z abgebildet auf …
$\xmapsto{D;\varphi}$	… wird durch eine Drehung um den Punkt D und dem Drehwinkel φ abgebildet auf …
$\xmapsto{\vec{a}}$	… wird durch die Verschiebung um den Vektor $\vec{a}$ abgebildet auf …
$\widehat{S_1S_2}$	Kreisbogen von S_1 nach S_2 (gegen den Uhrzeigersinn)
⊾	rechter Winkel bzw. Winkel mit 90°
d(P; g) = 2 cm	Abstand des Punktes P von der Geraden g gleich zwei Zentimeter
∢ (g; h)	Winkel mit dem ersten Schenkel g und dem zweiten Schenkel h
w_α	Winkelhalbierende des Winkels α
h_c	Höhe auf die Seite c
m_c	Mittelsenkrechte der Seite c
$\triangle ABC$	Dreieck mit den Eckpunkten A, B und C
$\mathbb{E}$	Ebene
q	Abbildungsmaßstab
ω	Abbildungswinkel
V	Volumen bzw. Rauminhalt
A	Flächeninhalt

Inhalt

Trigonometrie

Ohne, daß du von den Begriffen Sinus, Kosinus, Tangens usw. gehört hast, kannst du mit den Kenntnissen aus früheren Jahren aus den gegebenen Stücken ein Dreieck konstruieren:
$\gamma = 90°$; $\alpha = 60°$ und $c = 5$ cm.
Ohne die Konstruktion dieses Dreiecks ist es dir aber bisher nicht möglich, die Längen der beiden anderen Dreieckseiten a und b zu ermitteln. Diese „Lücke" wird mit dem neuen Stoffgebiet der **Trigonometrie** geschlossen; damit wird ein Zusammenhang zwischen den Winkelgrößen und den Seitenlängen im – zunächst rechtwinkligen und dann allgemeinen – Dreieck hergestellt.

Wiederholung

Wir müssen zurückgreifen auf die Abbildungsgesetze der zentrischen Streckung bzw. auf die Strahlensätze *).

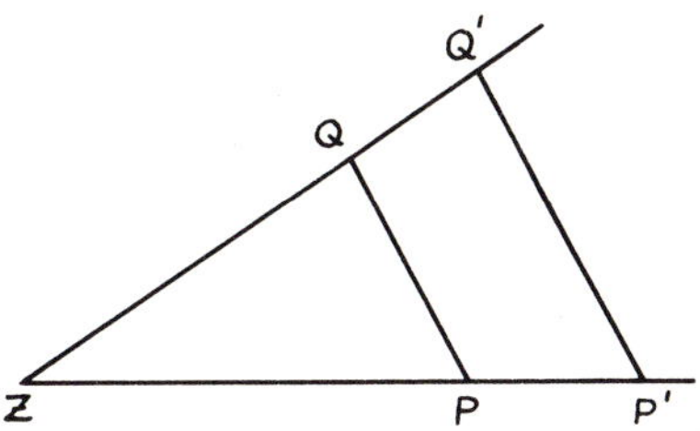

Figur 1

In Figur 1 erkennst du die Grundfigur der zentrischen Streckung wieder:
Die Punkte P und Q wurden von Z aus mit demselben Streckungsfaktor auf die Punkte P′ und Q′ abgebildet.

*) vergl. ML 44 Seite 22/24

Die Eigenschaften der Figur 1 lassen sich auf verschiedene Weise ausdrücken:

- Die beiden Dreiecke △ZPQ und △ZP′Q′ sind ______________ zueinander.
- Die Strecke [PQ] und ihre Bildstrecke [P′Q′] verlaufen __________________ zueinander.
- In ähnlichen Figuren sind die entsprechenden Winkel ____________ groß.
- In ähnlichen Figuren stehen die Längen entsprechender Seiten im ______________ Verhältnis.

Definition

In einem rechtwinkligen Dreieck heißen die beiden Seiten, die den rechten Winkel bilden, Katheten. Die dem rechten Winkel gegenüberliegende Seite heißt **Hypotenuse**. Für die Winkel an der Hypotenuse unterscheidet man zwischen der **Ankathete** und der **Gegenkathede**.
Die Ankathete ist ein Schenkel des Winkels, die Gegenkathete liegt dem Winkel gegenüber.

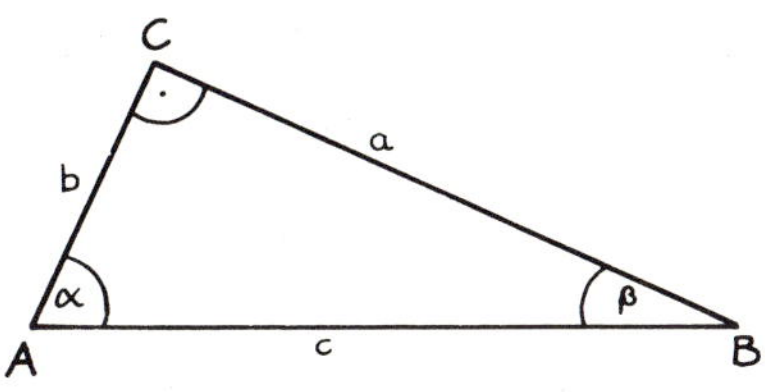

Figur 2

Wenn $\gamma = 90°$ ist (vergl. Figur 2), so heißt für den Winkel α die gegenüberliegende Kathete a Gegenkathete, die anliegende Kathete b heißt Ankathete. Für den Winkel β heißt ___ Gegenkathete und ___ Ankathete.

Trigonometrie

Mit Hilfe der jeweils rechtwinkligen Dreiecke der Figuren 3, 4 und 5 können wir die Grundzüge der trigonometrischen Gesetzmäßigkeiten aufzeigen.

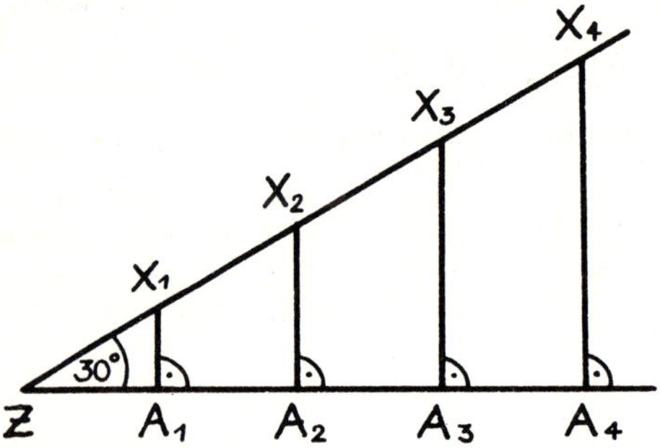

Figur 3

In Figur 3 gilt:

- $\triangle ZA_1X_1 \sim \triangle ZA_2X_2 \sim \triangle Z$___ ___ $\sim$
  $\sim \triangle Z$___ ___

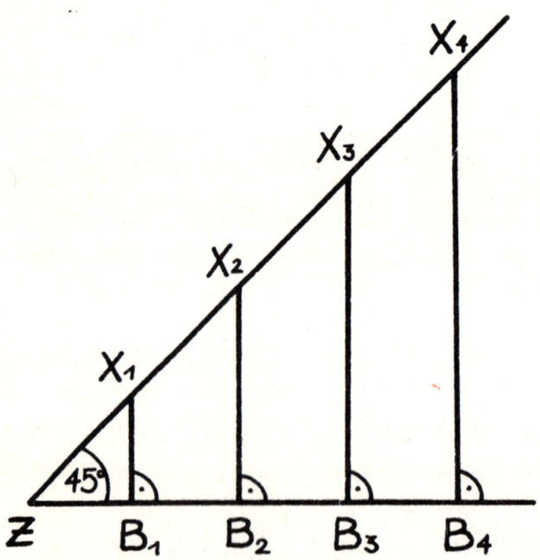

Figur 4

In Figur 4 gilt:

- $\triangle ZB_1X_1 \sim \triangle ZB_2X_2 \sim \triangle Z$___ ___ $\sim$
  $\sim \triangle Z$___ ___

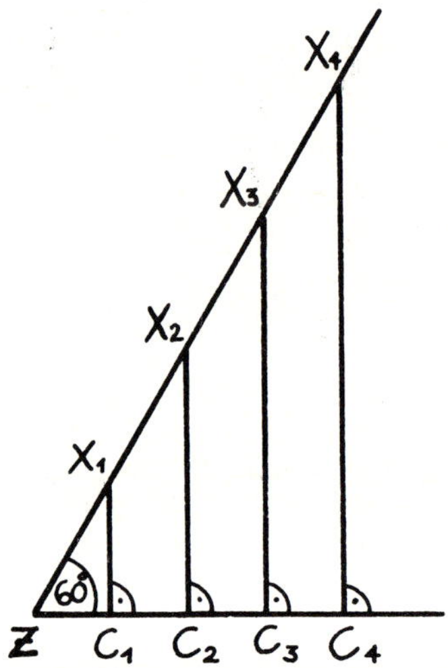

Figur 5

In Figur 5 gilt:

- $\triangle ZC_1X_1 \sim \triangle ZC_2X_2 \sim \triangle Z$___ ___ $\sim$
  $\sim \triangle Z$___ ___

In allen Dreiecken der Figuren 3, 4 und 5 gilt für die Winkel bei Z jeweils:

- die waagerechten Seiten sind *Ankatheten/Gegenkatheten;*
- die senkrechten Seiten sind *Ankatheten/Gegenkatheten.*

Die Seite, die dem rechten Winkel gegenüberliegt, heißt ______________ .

Sinus Kosinus

Sinus

Mit der Ähnlichkeit der Dreiecke gilt für Figur 3:

$$\frac{\overline{A_1X_1}}{\overline{ZX_1}} = \frac{\overline{A_2X_2}}{\overline{ZX_2}} = \_\_\_\_\_\_\_\_ = \_\_\_\_\_\_\_\_$$

Für Figur 4 gilt:

$$\frac{\overline{B_1X_1}}{\overline{ZX_1}} = \frac{\overline{B_2X_2}}{\overline{ZX_2}} = \_\_\_\_\_\_\_\_ = \_\_\_\_\_\_\_\_$$

Für Figur 5 gilt:

$$\frac{\overline{C_1X_1}}{\overline{ZX_1}} = \_\_\_\_\_\_\_\_ = \_\_\_\_\_\_\_\_ = \_\_\_\_\_\_\_\_$$

Der Wert des Quotienten hängt jeweils nur von der Größe des ________ bei Z ab; man nennt ihn den **Sinus** (sin) des Winkels.

In einem rechtwinkligen Dreieck gilt:

$$\sin\varphi = \frac{\textbf{Länge der Gegenkathete von } \varphi}{\textbf{Länge der Hypotenuse}}$$

Für die speziellen Winkel der Figuren 3–5 können wir die Sinuswerte durch Ausmessen der Gegenkatheten *) und der Hypotenusen ermitteln.

$$\sin 30° = \frac{\overline{A_4X_4}}{\overline{ZX_4}} = \frac{\_\_\_\_\ \text{cm}}{\_\_\_\_\ \text{cm}} = \_\_\_\_\_\_\_\_$$

*) Um die Meßfehler möglichst klein zu halten, ist es günstig; die Seitenlängen der jeweils größten Dreiecke zu messen! Berechne den Quotienten auf zwei Stellen hinter dem Komma.

$$\sin 45° = \frac{\overline{B_4X_4}}{\overline{ZX_4}} = \frac{\_\_\_\_\ \text{cm}}{\_\_\_\_\ \text{cm}} = \_\_\_\_\_\_\_\_$$

$$\sin 60° = \frac{\overline{C_4X_4}}{\overline{ZX_4}} = \frac{\_\_\_\_\ \text{cm}}{\_\_\_\_\ \text{cm}} = \_\_\_\_\_\_\_\_$$

Kosinus

Mit der Ähnlichkeit der Dreiecke gilt für Figur 3 auch:

$$\frac{\overline{ZA_1}}{\overline{ZX_1}} = \frac{\overline{ZA_2}}{\overline{ZX_2}} = \_\_\_\_\_\_\_\_ = \_\_\_\_\_\_\_\_$$

Für Figur 4 gilt auch:

$$\frac{\overline{ZB_1}}{\overline{ZX_1}} = \frac{\overline{ZB_2}}{\_\_\_\_} = \_\_\_\_\_\_\_\_ = \_\_\_\_\_\_\_\_$$

Für Figur 5 gilt auch:

$$\frac{\overline{ZC_1}}{\overline{ZX_1}} = \_\_\_\_\_\_\_\_ = \_\_\_\_\_\_\_\_ = \_\_\_\_\_\_\_\_$$

Auch der Wert dieses Quotienten hängt jeweils wieder nur von der Größe des ________ bei Z ab; man nennt ihn den **Kosinus** (cos) des Winkels.

In einem rechtwinkligen Dreieck gilt:

$$\cos\varphi = \frac{\textbf{Länge der Ankathete von } \varphi}{\textbf{Länge der Hypotenuse}}$$

Für die speziellen Winkel der Figuren 3–5 können wir die Kosinuswerte durch Ausmessen der Ankathete und der Hypotenuse ermitteln.

$$\cos 30° = \frac{\overline{ZA_4}}{\overline{ZX_4}} = \frac{\_\_\_\_\ \text{cm}}{\_\_\_\_\ \text{cm}} = \_\_\_\_\_\_\_\_$$

Trigonometrie
Tangens

$$\cos 45^\circ = \frac{\overline{ZB_4}}{\overline{ZX_4}} = \frac{\quad\quad\quad \text{cm}}{\quad\quad\quad \text{cm}} = \underline{\quad\quad\quad\quad}$$

$$\cos 60^\circ = \frac{\overline{ZC_4}}{\overline{ZX_4}} = \frac{\quad\quad\quad \text{cm}}{\quad\quad\quad \text{cm}} = \underline{\quad\quad\quad\quad}$$

Damit kennen wir für die drei speziellen Winkel auch die Kosinuswerte.

Tangens

Noch ein letztes Mal zurück zu den ähnlichen Dreiecken der Figuren 3–5:

$$\frac{\overline{A_1X_1}}{\overline{ZA_1}} = \frac{\overline{A_2X_2}}{\overline{ZA_2}} = \underline{\quad\quad\quad\quad} = \underline{\quad\quad\quad\quad}$$

$$\frac{\overline{B_1X_1}}{\overline{ZB_1}} = \frac{\overline{B_2X_2}}{\overline{ZB_2}} = \underline{\quad\quad\quad\quad} = \underline{\quad\quad\quad\quad}$$

$$\frac{\overline{C_1X_1}}{\overline{ZC_1}} = \frac{\overline{C_2X_2}}{\overline{ZC_2}} = \underline{\quad\quad\quad\quad} = \underline{\quad\quad\quad\quad}$$

Auch die Werte dieser Quotienten hängen jeweils nur von der Größe des Winkels bei Z ab; man nennt diesen Quotienten den **Tangens** (tan) des Winkels.

In einem rechtwinkligen Dreieck gilt:

$$\tan \varphi = \frac{\textbf{Länge der Gegenkathete von } \varphi}{\textbf{Länge der Ankathete von } \varphi}$$

Für die speziellen Winkel ergibt sich:

$$\tan 30^\circ = \frac{\overline{A_4X_4}}{\overline{ZA_4}} = \frac{\quad\quad\quad \text{cm}}{\quad\quad\quad \text{cm}} = \underline{\quad\quad\quad\quad}$$

$$\tan 45^\circ = \frac{\overline{B_4X_4}}{\overline{ZB_4}} = \frac{\quad\quad\quad \text{cm}}{\quad\quad\quad \text{cm}} = \underline{\quad\quad\quad\quad}$$

$$\tan 60^\circ = \frac{\overline{C_4X_4}}{\overline{ZC_4}} = \frac{\quad\quad\quad \text{cm}}{\quad\quad\quad \text{cm}} = \underline{\quad\quad\quad\quad}$$

Bevor wir zu weiteren Winkeln die Sinus-, Kosinus- und Tangenswerte bestimmen, werden wir uns die Anwendungsmöglichkeiten bereits an einigen Beispielen klar machen. Wir beschränken uns dabei zunächst auf rechtwinklige Dreiecke.
Mit den Bezeichnungen des rechtwinkligen Dreiecks von Figur 2 (Seite 7) gilt:

$\sin\alpha = \frac{a}{c}$; $\quad \cos\alpha = \frac{b}{\underline{\quad}}$;

$\tan\alpha = \frac{a}{b}$;

$\sin\beta = \frac{b}{\underline{\quad}}$; $\quad \cos\beta = \frac{\underline{\quad}}{\underline{\quad}}$;

$\tan\beta = \frac{\underline{\quad}}{\underline{\quad}}$.

Feststellung

Im rechtwinkligen Dreieck ABC mit dem rechten Winkel bei C gilt:

- $\sin\alpha = \cos \underline{\quad}$ und
- $\cos\alpha = \sin \underline{\quad}$

Diese Beziehungen heißen auch **Komplementbeziehungen** und gelten allgemein für je zwei Winkel, die sich zu 90° ergänzen.

Berechnungen

Für die folgenden Berechnungen kannst du die Zusammenstellung der bisher ermittelten Werte benützen:

φ	30°	45°	60°
$\sin\varphi$	0,50	0,70	0,86
$\cos\varphi$	0,86	0,70	0,50
$\tan\varphi$	0,57	1,00	1,73

1. Beispiel

Für ein rechtwinkliges Dreieck ABC gilt:

$\gamma = 90°$; $\alpha = 30°$; $c = 7$ cm.

a) Berechne a.

➧ Da der Winkel α gegeben ist, mußt du dich bei der Berechnung von b zunächst für eine der drei Winkelbeziehungen $\sin\alpha = \frac{a}{c}$, $\cos\alpha = \frac{b}{c}$ bzw. $\tan\alpha = \frac{a}{b}$ entscheiden.

➧ Nur in einer dieser drei Beziehungen kommt sowohl die gesuchte Strecke a, als auch die gegebene Strecke c vor.

➧ Die gesuchte Gleichung ist:

$\sin\alpha = \frac{a}{c}$!

● Löse nach a auf und berechne die gesuchte Länge:

$\sin\alpha = \frac{a}{c} \Rightarrow a = \_\_\_ \cdot \sin\alpha$

$\Rightarrow a = \_\_\_ \text{ cm} \cdot 0,\_\_\_ =$

$= \_\_\_ \text{ cm}$

b) Berechne b.

➧ Für die Berechnung von b gibt es verschiedene Möglichkeiten:

● Berechne b mit Hilfe der Winkelbeziehung $\cos\alpha = \frac{b}{c}$ und überprüfe dein Ergebnis sowohl mit der Tangensbeziehung, als auch mit Hilfe des Satzes von PYTHAGORAS.

● $\cos\alpha = \frac{b}{c} \Rightarrow b = \_\_\_ \cdot \cos\alpha$

$\Rightarrow b = \_\_\_ \text{ cm} \cdot 0,\_\_\_ =$

$= \_\_\_ \text{ cm}$

1. Probe

● $\tan\alpha = \frac{a}{b} \Rightarrow b = \frac{\_\_\_\_\_\_}{\_\_\_\_\_\_}$

$\Rightarrow b = \frac{\_\_\_\_\_\_ \text{ cm}}{\_\_\_\_\_\_} =$

$= \_\_\_\_\_\_ \text{ cm}$

2. Probe

● $a^2 + b^2 = c^2$

$\Rightarrow b^2 = c^2 \_\_\_\_\_\_$

$\Rightarrow b^2 = \_\_\_\_\_\_ \text{ cm}^2 \_\_\_\_\_\_ =$

$= \_\_\_\_\_\_ \text{ cm}^2$

$\Rightarrow b = \_\_\_\_\_\_ \text{ cm}$

Trigonometrie

---

2. Beispiel

Für ein rechtwinkliges Dreieck ABC gilt:

$\gamma = 90°$; $b = 4\,\text{cm}$; $c = 8\,\text{cm}$.

a) Berechne α.

- Da die beiden Seiten b und c gegeben sind, kannst du damit den *Sinus-/Kosinus*wert des Winkels α berechnen:

$$\underline{\qquad}\,\alpha = \frac{b}{c} = \frac{4\,\text{cm}}{8\,\text{cm}} = \underline{\qquad}$$

Wenn du diesen Wert in der Tabelle von Seite 11 suchst, findest du:

$$\Rightarrow \alpha = \underline{\qquad}°.$$

b) Berechne a.

Wähle die Sinus- bzw. Tangensbeziehung oder auch den Satz des PYTHAGORAS und berechne damit die gesuchte Länge.

$a = \underline{\qquad\qquad}\,\text{cm}$

3. Beispiel

Beweise die Beziehung

$$\frac{\sin\alpha}{\cos\alpha} = \tan\alpha \qquad (\text{für } \alpha \neq 90°)$$

Mit den bisher bekannten Beziehungen

$\sin\alpha = \frac{a}{c}$ und $\cos\alpha = \frac{\underline{\quad}}{c}$ ergibt sich:

$$\frac{\sin\alpha}{\cos\alpha} = \sin\alpha : \cos\alpha =$$

$$= \frac{a}{c} : \frac{\underline{\quad}}{c} = {}^{*)}$$

$$= \frac{a}{c} \cdot \frac{c}{\underline{\quad}} = \frac{\underline{\quad}}{\underline{\quad}}$$

Dies ist $\tan\alpha$!

Aufgaben

① Für ein rechtwinkliges Dreieck ABC gilt:
$\gamma = 90°$; $a = 5\,\text{cm}$; $b = 2{,}88\,\text{cm}$.
Berechne α, β und c.

② Beweise die Beziehung für das bei C rechtwinklige Dreieck ABC:

$$(\sin\alpha)^2 + (\cos\alpha)^2 = 1$$

Mit $\sin\alpha = \underline{\quad}$ und $\cos\alpha = \underline{\quad}$ gilt:

$$\left(\frac{\underline{\quad}}{\underline{\quad}}\right)^2 + \left(\frac{\underline{\quad}}{\underline{\quad}}\right)^2 = \frac{\underline{\quad}}{}$$

$$= \frac{\underline{\quad}^2}{\underline{\quad}^2} + \frac{\underline{\quad}^2}{\underline{\quad}^2} =$$

$$= \frac{\underline{\quad} + \underline{\quad}}{\underline{\quad}} = 1,$$

da $a^2 + b^2 = c^2$ (Satz des Pythagoras).

Beachte

- Statt $(\sin\varphi)^2$ schreibt man auch $\sin^2\varphi$. Es gilt also $(\sin\varphi)^2 = \sin^2\varphi$
- Die Schreibweise $\sin\varphi^2$ würde bedeuten, daß nur der Winkel φ quadriert werden soll.

---

*) ... Multiplikation mit dem Kehrwert

sin φ
cos φ, tan φ

Mit Hilfe der Definitionen

$$\sin \varphi = \frac{\text{Länge der Gegenkathete von } \varphi}{\text{Länge der Hypotenuse}}$$

$$\cos \varphi = \frac{\text{Länge der Ankathete von } \varphi}{\text{Länge der Hypotenuse}}$$

$$\tan \varphi = \frac{\text{Länge der Gegenkathete von } \varphi}{\text{Länge der Ankathete von } \varphi}$$

können wir zu jedem Winkel zwischen 0° und 90° die entsprechenden Werte ermitteln.

In Figur 6 ist ein Viertelkreis mit dem Radius r = 10 cm bzw. r = 1 dm auf Millimeterraster gezeichnet mit den Winkeln 10°, 20°, 30°, 40°, 45°, 50°, 60°, 70° und 80°, deren gemeinsamer erster Schenkel waagerecht verläuft.

➧ Ergänze diese Winkel zu rechtwinkligen Dreiecken, indem du von den Schnittpunkten der zweiten Schenkel mit dem Kreisbogen jeweils das Lot auf die waagerechte Achse – also den ersten Schenkel – fällst.

- Lies die entstehenden Längen der An- und Gegenkatheten ab und trage sie in die Tabelle ein.

Figur 6 ⟶

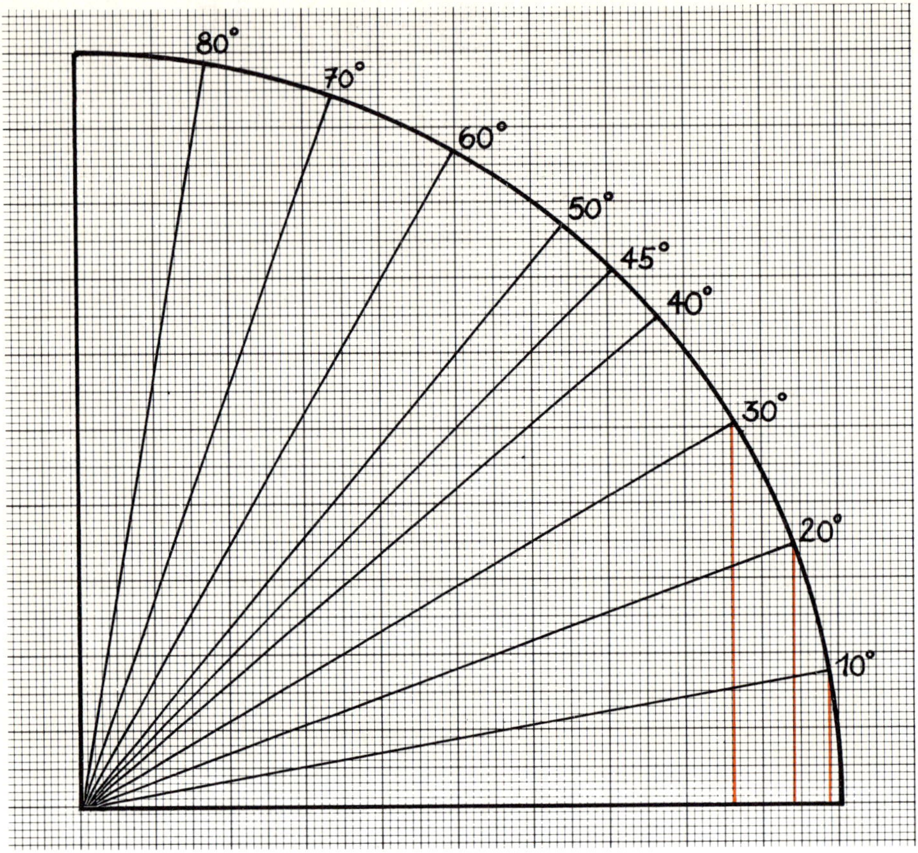

Winkel	10°	20°	30°	40°	45°	50°	60°	70°	80°
Gegenkathete in cm									
Ankathete in cm									
Hypotenuse in cm	10	10	10	10	10	10	10	10	10
$\sin \varphi$									
$\cos \varphi$									
$\tan \varphi$									

Bogenmaß

Mit Hilfe dieser Werte können wir die Graphen der zugehörigen Sinus- und Kosinusfunktionen für die Winkel zwischen 0° und 90° zeichnen.
Die Winkel werden auf der waagerechten Achse in einem bestimmten Abstand angetragen, der zuvor festgelegt werden muß.
Der Abstand vom Ursprung entspricht für jeden Winkel der Länge des Kreisbogens *) auf dem Einheitskreis (r = 1 LE).

Definition

Am Einheitskreis bezeichnet man die Maßzahl der Länge des Kreisbogens, der zu einem Mittelpunktswinkel φ gehört, als **Bogenmaß** **) x des Winkels φ.

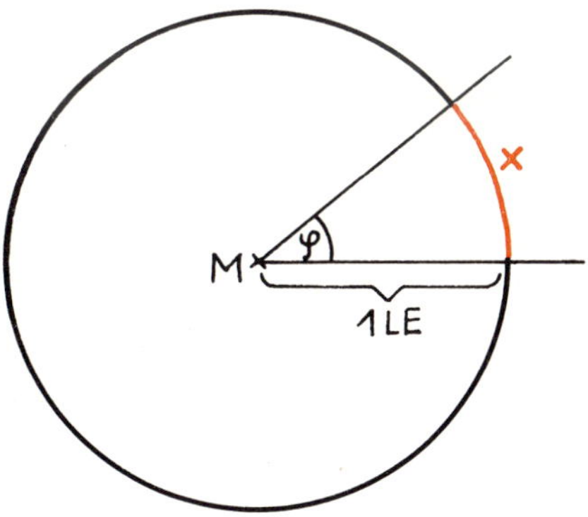

Figur 7

Beispiele

- Dem Vollwinkel $\varphi = 360°$ entspricht das Bogenmaß $x = 2 \cdot \pi = 6{,}28$
- Dem gestreckten Winkel $\varphi = 180°$ entspricht das Bogenmaß $x = \frac{2 \cdot \pi}{2} = 3{,}14$
- Dem rechten Winkel $\varphi = 90°$ entspricht das Bogenmaß $x = \frac{2 \cdot \pi}{\_\_\_} = 1{,}57$
- Dem Winkel $\varphi = 45°$ entspricht das Bogenmaß $x = \frac{2 \cdot \pi}{\_\_\_} = \_\_\_\_\_\_$
- Dem Winkel $\varphi = 60°$ entspricht das Bogenmaß $x = \frac{2 \cdot \pi}{6} = \_\_\_\_\_\_$
- Dem Winkel $\varphi = 30°$ entspricht das Bogenmaß $x = \frac{2 \cdot \pi}{\_\_\_} = \_\_\_\_\_\_$

*) vergl. ML 44 Seite 72

**) Das Bogenmaß x eines Winkels φ ist demnach eine reelle Zahl und hat keine Benennung.

Trigonometrie
Sinusfunktion, Kosinusfunktion

Sinusfunktion

$\sin\varphi$ für $0 < \varphi < 90°$ bzw. $\sin x$ für $0 < x < \frac{\pi}{2}$

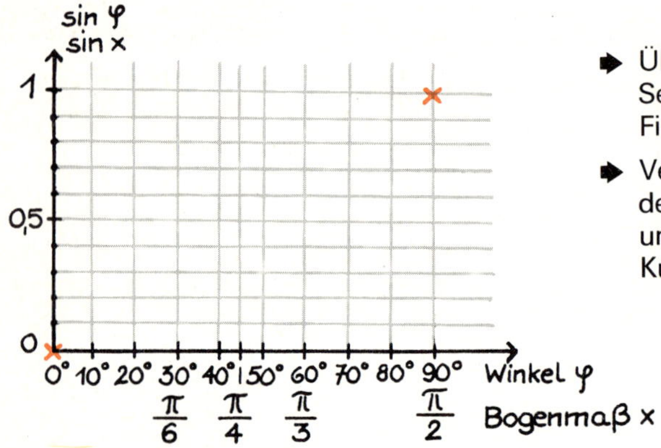

Figur 8

- Übertrage die Werte der Tabelle von Seite 14 in das Koordinatensystem von Figur 8.
- Verbinde die Punkte mit den zusätzlich definierten Grenzwerten $\sin 0° = 0$ und $\sin 90° = 1$ zu einer gleichmäßigen Kurve.

Kosinusfunktion

$\cos\varphi$ für $0 < \varphi < 90°$ bzw. $\cos x$ für $0 < x < \frac{\pi}{2}$

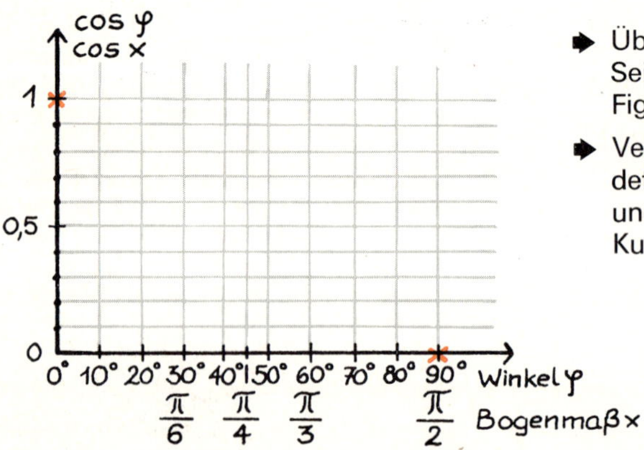

Figur 9

- Übertrage die Werte der Tabelle von Seite 14 in das Koordinatensystem von Figur 9.
- Verbinde die Punkte mit den zusätzlich definierten Grenzwerten $\cos 0° = 1$ und $\cos 90° = 0$ zu einer gleichmäßigen Kurve.

Tangensfunktion

$\tan\varphi$ für $0 < \varphi < 90°$ bzw. $\tan x$ für $0 < x < \frac{\pi}{2}$

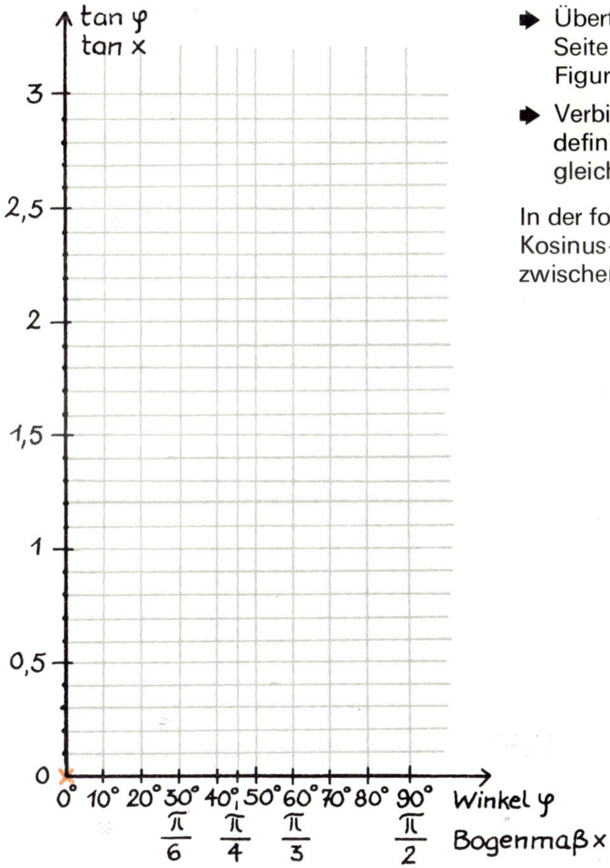

Figur 10

- Übertrage die Werte der Tabelle von Seite 14 in das Koordinatensystem von Figur 10 (soweit möglich).
- Verbinde die Punkte mit dem zusätzlich definierten Grenzwert tan 0° = 0 zu einer gleichmäßigen Kurve.

In der folgenden Tabelle findest du Sinus-, Kosinus- und Tangenswerte für die Winkel zwischen 0° und 90°.

Trigonometrie

Tabelle

φ	$\sin\varphi$	$\cos\varphi$	$\tan\varphi$	φ	$\sin\varphi$	$\cos\varphi$	$\tan\varphi$
1°	0,0175	0,9998	0,0175	34°	0,5592	0,8290	0,6745
2°	0,0349	0,9994	0,0349	35°	0,5736	0,8192	0,7002
3°	0,0523	0,9986	0,0524	36°	0,5878	0,8090	0,7265
4°	0,0698	0,9976	0,0699	37°	0,6018	0,7986	0,7536
5°	0,0872	0,9962	0,0875	38°	0,6157	0,7880	0,7813
6°	0,1045	0,9945	0,1051	39°	0,6293	0,7771	0,8098
7°	0,1219	0,9925	0,1228	40°	0,6428	0,7660	0,8391
8°	0,1392	0,9903	0,1405	41°	0,6561	0,7547	0,8693
9°	0,1564	0,9877	0,1584	42°	0,6691	0,7431	0,9004
10°	0,1736	0,9848	0,1763	43°	0,6820	0,7314	0,9325
11°	0,1908	0,9816	0,1944	44°	0,6947	0,7193	0,9657
12°	0,2079	0,9781	0,2126	45°	0,7071	0,7071	1,0000
14°	0,2250	0,9744	0,2309	46°	0,7193	0,6947	1,0355
14°	0,2419	0,9703	0,2493	47°	0,7314	0,6820	1,0724
15°		0,9659	0,2679	48°	0,7431	0,6691	1,1106
16°	0,2756	0,9613	0,2867	49°		0,6561	1,1504
17°	0,2924	0,9563	0,3057	50°	0,7660	0,6428	1,1918
18°	0,3090	0,9511		51°	0,7771	0,6293	1,2349
19°	0,3256	0,9455	0,3443	52°	0,7880	0,6157	1,2799
20°	0,3420	0,9397	0,3640	53°	0,7986	0,6018	1,3270
21°	0,3584	0,9336	0,3839	54°	0,8090	0,5878	
22°	0,3746	0,9272	0,4040	55°	0,8192	0,5736	1,4281
23°	0,3907		0,4245	56°	0,8290	0,5592	1,4826
24°	0,4067	0,9135	0,4452	57°	0,8387	0,5446	1,5399
25°	0,4226	0,9063	0,4663	58°	0,8480	0,5299	1,6003
26°	0,4384	0,8988	0,4877	59°	0,8572	0,5150	1,6643
27°	0,4540	0,8910	0,5095	60°	0,8660	0,5000	1,7321
28°	0,4695	0,8829	0,5317	61°	0,8746	0,4848	1,8040
29°	0,4848	0,8746	0,5543	62°	0,8829	0,4695	1,8807
30°	0,5000	0,8660	0,5774	63°	0,8910	0,4540	1,9626
31°	0,5150	0,8572	0,6009	64°	0,8988	0,4384	2,0503
32°	0,5299	0,8480	0,6249	65°	0,9063	0,4226	2,1445
33°	0,5446	0,8387	0,6494	66°	0,9135	0,4067	2,2460

Tabelle

φ	$\sin\varphi$	$\cos\varphi$	$\tan\varphi$
67°	0,9205	0,3907	2,3559
68°	0,9272	0,3746	2,4751
69°	0,9336	0,3584	2,6051
70°	0,9397	0,3420	2,747
71°	0,9455	0,3256	2,904
72°	0,9511	0,3090	3,078
73°	0,9563	0,2924	3,271
74°	0,9613	0,2756	3,487
75°	0,9659	0,2588	3,732
76°	0,9703	0,2419	4,011
77°	0,9744	______	4,331
78°	0,9781	0,2079	4,705
79°	0,9816	0,1908	5,145
80°	0,9848	0,1736	5,671
81°	0,9877	0,1564	6,314
82°	0,9903	0,1392	7,115
83°	0,9925	0,1219	8,144
84°	0,9945	0,1045	9,514
85°	0,9962	0,0872	11,43
86°	0,9976	0,0698	14,30
87°	0,9986	0,0523	______
88°	0,9994	0,0349	28,64
89°	0,9998	0,0175	57,29

- Berechne die in der Tabelle fehlenden Sinus- bzw. Kosinuswerte mit Hilfe der Beziehung

$$(\sin\varphi)^2 + (\cos\varphi)^2 = 1$$

(vergl. Seite 12).

Mit $\sin\varphi = \sqrt{1-(\cos\varphi)^2}$ bzw.

$\cos\varphi = \sqrt{1 - \_\_\_\_\_\_}$ gilt:

$\sin 15° =$ ______

$\cos 23° =$ ______

$\sin 49° =$ ______

$\cos 77° =$ ______

- Berechne die in der Tabelle fehlenden Tangenswerte mit Hilfe der Beziehung

$$\tan\varphi = \frac{\sin\varphi}{\cos\varphi}$$

(vergl. Seite 12).

$\tan 18° =$ ______

$\tan 54° =$ ______

$\tan 87° =$ ______

Für Berechnungen mit unterteilten Winkeln – z. B. 35,75° oder auch 35°45′ – kannst du deinen Taschenrechner benützen. Wir werden uns bei den Berechnungen in diesem Buch auf die Genauigkeit von ganzen Winkelgraden beschränken, und die vierstelligen Werte der Tabelle verwenden.

Damit du dich in den verschiedenen Aufgabenstellungen an unterschiedliche Bezeichnungen gewöhnst, beziehen sich die nächsten Beispiele und Aufgaben auf das bei Z rechtwinklige Dreieck der Figur 11 mit den dort verwendeten Bezeichnungen.

Trigonometrie

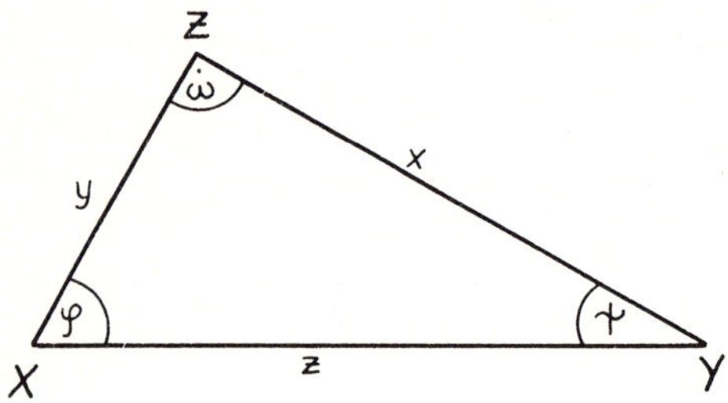

Figur 11

Für Figur 11 gilt:

$\sin\varphi = \frac{x}{z}$; $\quad \cos\varphi = \frac{\_\_}{\_\_}$;

$\tan\varphi = \frac{\_\_}{\_\_}$; $\quad \sin\psi = \frac{\_\_}{\_\_}$;

$\cos\psi = \frac{\_\_}{\_\_}$; $\quad \tan\psi = \frac{\_\_}{\_\_}$.

Beispiele

1. Gegeben ist ein rechtwinkliges Dreieck XYZ mit $\omega = 90°$, $x = 9$ cm und $y = 12$ cm (vergl. Planfigur 11). Berechne die Größe der Winkel φ und ψ.

$\tan\psi = \frac{\_\_\text{ cm}}{\_\_\text{ cm}} = \_\_\_$

$\Rightarrow \quad \psi = \_\_°$

$\Rightarrow \quad \varphi = \_\_°$

2. Gegeben ist ein rechtwinkliges Dreieck XYZ mit $\omega = 90°$, $x = 7$ cm und $\varphi = 40°$ (vergl. Planfigur 11). Berechne die Längen der Seiten y und z.

$\sin\varphi = \frac{\_\_}{\_\_} \Rightarrow z = \_\_\_$

$\Rightarrow z = \frac{\_\_\text{ cm}}{\_\_\_} =$

$= \_\_\_\text{ cm}$

$\tan\varphi = \frac{\_\_}{\_\_} \Rightarrow y = \_\_\_$

$\Rightarrow y = \frac{\_\_\text{ cm}}{\_\_\_} =$

$= \_\_\_\text{ cm}$

(y ließe sich auch mit Hilfe des Satzes von PYTHAGORAS oder auch der Kosinusbeziehung berechnen.)

Aufgaben

(3) Gegeben ist ein rechtwinkliges Dreieck XYZ mit $\omega = 90°$, $y = 13$ cm, $z = 20$ cm (vergl. Planfigur 11). Berechne die Größe der Winkel φ und ψ sowie die Länge der Seite x.

Beachte

- Nur in rechtwinkligen Dreiecken können wir mit Hilfe der Winkelfunktionen die Längen von Dreiecksseiten berechnen
- bzw. über die Längen von Dreiecksseiten auf Winkelgrößen schließen!
- Allgemeine Dreiecke lassen sich allerdings durch eine geeignete Dreieckshöhe in zwei rechtwinklige Teildreiecke zerlegen!

Berechnungen

1. Beispiel

Die Orte A, B und C bilden ein Dreieck. Sie sollen durch geradlinig und eben verlaufende elektrische Leitungen verbunden werden, mit $\overline{AB} = 9{,}8\,\text{km}$; $\overline{BC} = 11{,}4\,\text{km}$ und $\beta = 54°$.

a) Kennzeichne in der Planfigur 12 die gegebenen Stücke mit Farbe.

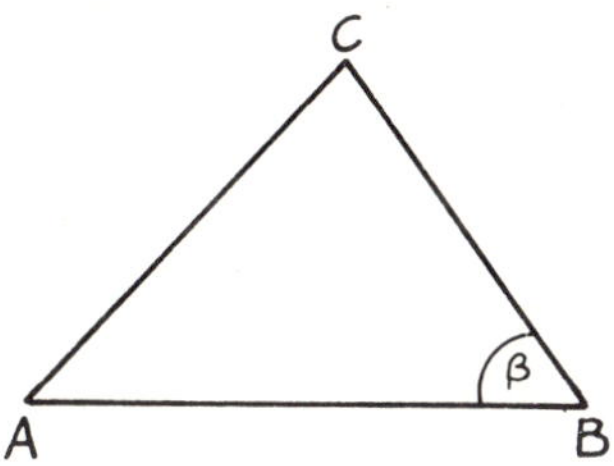

Figur 12

b) Berechne die Leitungslänge zwischen den Orten A und C.

Hinweis: Da bisher kein rechter Winkel gegeben ist, können wir weder die Winkelfunktionen, noch den Satz des PYTHAGORAS anwenden!

➧ Zeichne in Figur 12 die Höhe h_c ein und nenne den Fußpunkt D.

- Im Dreieck BCD lassen sich sowohl die Höhe h_c, als auch $\overline{BD}$ berechnen, da bei ___ ein rechter Winkel liegt und β, sowie ___ bekannt sind:

$$\sin\beta = \frac{h_c}{\_\_\_} \Rightarrow h_c = \_\_\_ \cdot \sin\beta$$

$$\Rightarrow h_c = \_\_\_\_\_\ \text{km} \cdot \_\_\_\_\_ =$$

$$= \_\_\_\_\_\ \text{km}$$

$$\cos\beta = \frac{\overline{BD}}{\_\_\_} \Rightarrow \overline{BD} = \_\_\_ \cdot \cos\beta$$

$$\Rightarrow \overline{BD} = \_\_\_\_\_\ \text{km} \cdot \_\_\_\_\_ =$$

$$= \_\_\_\_\_\ \text{km}$$

- Damit läßt sich auch $\overline{AD}$ ermitteln:

$$\overline{AD} = \_\_\_ - \overline{BD} = \_\_\_\_\_\ \text{km} - \_\_\_\_\_\ \text{km} =$$

$$= \_\_\_\_\_\ \text{km}$$

- Da im rechtwinkligen Dreieck ADC zwei Seiten gegeben sind, läßt sich über den Satz des PYTHAGORAS die dritte Seite berechnen:

$$\overline{AC} = \sqrt{\_\_\_\_\_ + \_\_\_\_\_} = \_\_\_\_\_\ \text{km}$$

Die Leitungslänge zwischen den Orten A und C beträgt _____ km.

c) Wie groß ist die Fläche des Dreiecks, das durch die Orte A, B und C gebildet wird?

$$A_{\triangle ABC} = \frac{\_\_\_ \cdot \_\_\_}{2}$$

$$\Rightarrow A_{\triangle ABC} = \frac{\_\_\_\_\_\ \text{km} \cdot \_\_\_\_\_\ \text{km}}{2} =$$

$$= \_\_\_\_\_\ \text{km}^2$$

Trigonometrie
9-Eck

2. Beispiel

Im Dreieck LMN sind gegeben:

$\lambda = 40°$, $\nu = 80°$ und m = 5 cm.

a) Kennzeichne in der Planfigur 13 die gegebenen Stücke mit Farbe.

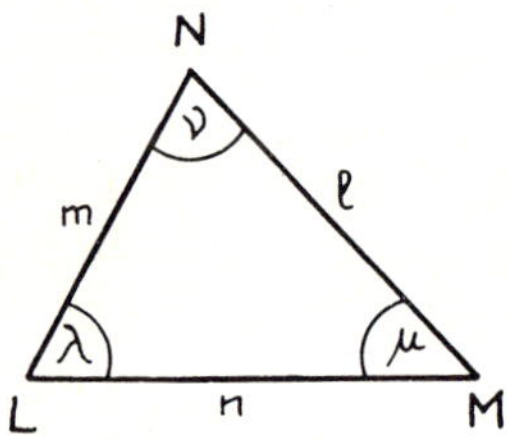

Figur 13

b) Berechne die Länge der Dreiecksseite n.

Hinweis: Da im △ LMN kein rechter Winkel gegeben ist, werden wir wieder eine Dreieckshöhe einzeichnen. Da jetzt die Länge der Seite n gesucht ist, verwenden wir nicht h_n, sondern h_l.

➧ Zeichne in Figur 13 die Dreieckshöhe h_l ein und nenne den Höhenfußpunkt E.

- Im rechtwinkligen Dreieck △ _____ läßt sich h_l berechnen:

$$\sin\nu = \frac{h_l}{\_\_\_} \Rightarrow h_l = \_\_\_ \cdot \sin\nu$$

$$\Rightarrow h_l = \_\_\_\_\_\_ \text{cm} \cdot \_\_\_\_\_\_ =$$

$$= \_\_\_\_\_\_ \text{cm}$$

- Im rechtwinkligen Dreieck △ LME läßt sich n berechnen.
  Für den Winkel μ gilt:

$\mu = 180° - \_\_\_° - \_\_\_° = \_\_\_°$.

Damit ergibt sich:

$$\sin\mu = \frac{\_\_\_}{\_\_\_} \Rightarrow n = \_\_\_ \cdot \sin\mu$$

$$\Rightarrow n = \_\_\_\_\_\_ \text{cm} \cdot \_\_\_\_\_\_ =$$

$$= \_\_\_\_\_\_ \text{cm}$$

3. Beispiel

Berechne den Flächeninhalt A eines regulären 9-Ecks mit der Seitenlänge s = 5 cm. In der Planfigur 14 ist ein reguläres 9-Eck mit dem zugehörigen Umkreis gezeichnet und das Bestimmungsdreieck ABM mit Farbe hervorgehoben.

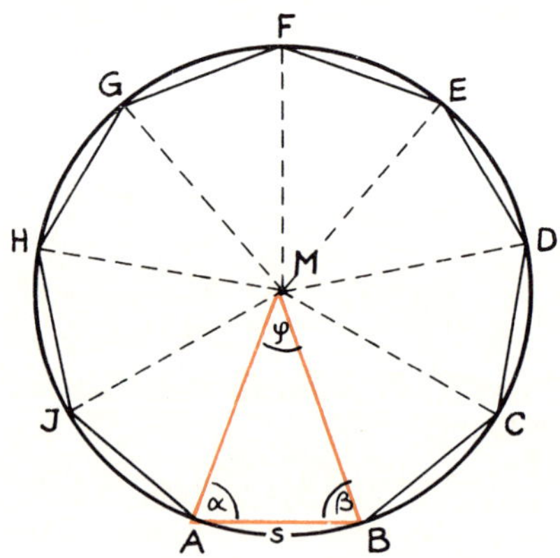

Figur 14

- Im △ ABM kannst du den Winkel φ bei M bestimmen:

$$\varphi = \frac{360°}{\_\_\_} = \_\_\_°$$

Vermessungsaufgabe

- Da das Dreieck ABM gleich _________ ist, sind die beiden Winkel α und β ______, mit $\alpha = \beta =$ ___°.
- ➧ Zeichne in Figur 14 die Dreieckshöhe h von M auf die Basis [AB] und nenne den Fußpunkt L.
- Da der Punkt L die Basis [AB] _________, kannst du die Länge von h berechnen:

$$\tan\alpha = \frac{\_\_\_}{\frac{s}{2}} \Rightarrow h = \frac{s}{2} \cdot \_\_\_\_\_\_$$

$$\Rightarrow h = \_\_\_\_\_\_ \text{ cm} \cdot \_\_\_\_\_\_ =$$

$$= \_\_\_\_\_\_ \text{ cm}$$

- $A = \_\_\_ \cdot \frac{\_\_\_ \cdot h}{2}$

$$\Rightarrow A = \_\_\_\_\_\_ \cdot \frac{\_\_\_\_\_\_ \text{ cm} \cdot \_\_\_\_\_\_ \text{ cm}}{2} =$$

$$= \_\_\_\_\_\_ \text{ cm}^2$$

Aufgaben

④ Im Dreieck ABC sind gegeben:
$a = 10$ cm; $b = 8$ cm und $\gamma = 50°$.
Berechne die Länge der Seite c.

(**Hinweis:** Mache eine Planfigur und zeichne die Höhe h_b mit dem Fußpunkt F ein.)

⑤ Bei der Geländevermessung für den Bau einer Brücke wurden die Punkte A und B auf dem diesseitigen Ufer und ein Punkt C auf dem jenseitigen Ufer eines Flusses festgelegt.

Die Messung ergab:

$\overline{AB} = 120$ m; $\alpha = 70°$ und $\beta = 50°$.

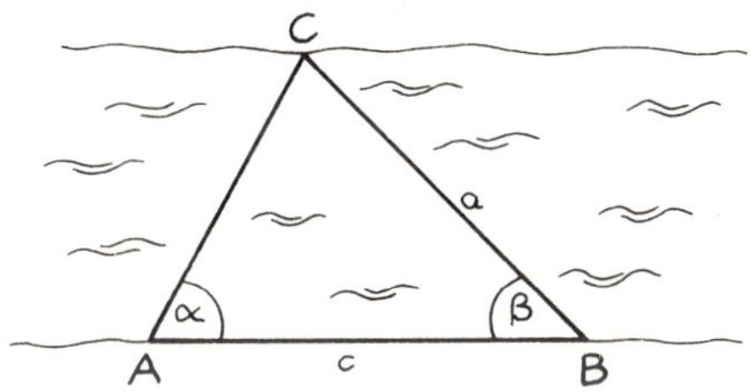

Figur 15

a) Berechne die Länge der Brücke $\overline{AC}$.

(**Hinweis:** Zeichne in das Dreieck ABC der Figur 15 die Höhe h_a mit dem Fußpunkt E ein und berechne zunächst die Länge von h_a; da du die Größe der Teilwinkel bei A kennst, kannst du anschließend im Dreieck AEC die Länge $\overline{AC}$ berechnen.)

b) Berechne die Breite b des Flusses.

(**Hinweise:**
- Die Breite b stimmt mit der Dreieckshöhe ___ überein.
- Zeichne diese Dreieckshöhe ein und nenne ihren Fußpunkt D.
- Damit läßt sich die Flußbreite bzw. die Dreieckshöhe $\overline{CD}$ im Teildreieck ____ berechnen.)

Trigonometrie
5-Eck

⑥ Berechne den Flächeninhalt A eines regulären 5-Ecks mit dem Umkreisradius r = 3 cm.

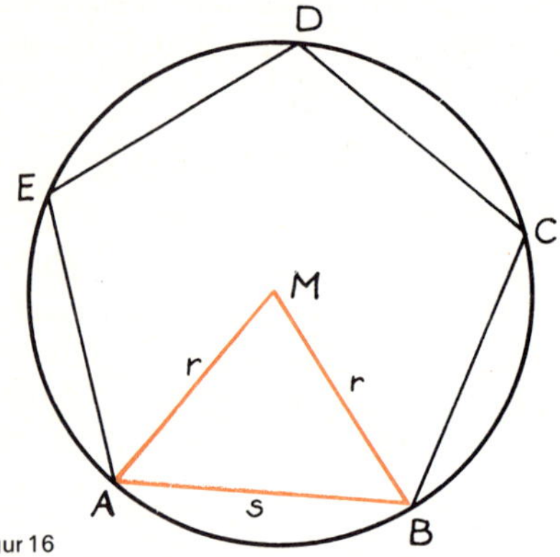

Figur 16

Mit Hilfe der Dreieckshöhen ist es uns gelungen, die Sinus-, Kosinus- und Tangensbeziehungen für rechtwinklige Dreiecke auf allgemeine Dreiecke zu übertragen. Diese Überlegungen lassen sich zusammenfassen im Sinussatz und im Kosinussatz, die beide bewiesen werden.

Sinussatz

Mit den Bezeichnungen von Figur 17 kannst du die folgenden Gleichungen vervollständigen.

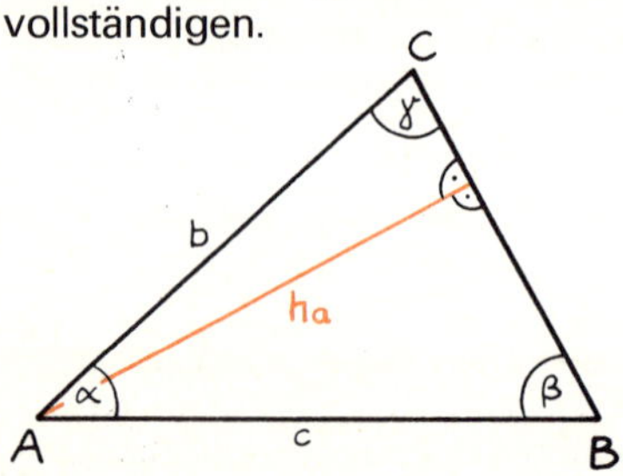

Figur 17

$\sin\gamma = \frac{\_\_}{\_\_} \Rightarrow h_a = \_\_ \cdot \sin\gamma$

$\sin\beta = \frac{\_\_}{\_\_} \Rightarrow h_a = \_\_ \cdot \sin\beta$

$\Rightarrow \frac{\_\_}{\_\_}$

Durch Gleichsetzen ergibt sich:

● $\_\_ \cdot \sin\gamma = \_\_ \cdot \sin\beta \Rightarrow$

bzw. die Proportionsgleichung:

$$\frac{b}{\sin\beta} = \frac{c}{\sin\gamma}$$

Mit den Bezeichnungen von Figur 18 führen die entsprechenden Überlegungen zu einer ähnlichen Gleichung:

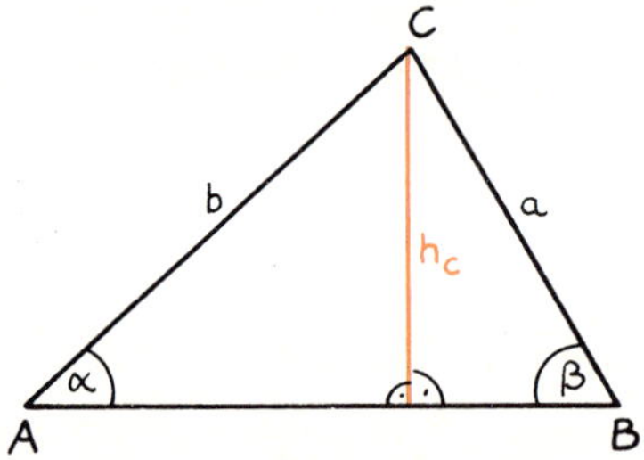

Figur 18

$\sin\beta = \frac{\_\_}{\_\_} \Rightarrow h_c = \_\_ \cdot \sin\beta$

$\sin\alpha = \frac{\_\_}{\_\_} \Rightarrow h_c = \_\_ \cdot \sin\alpha$

Durch Gleichsetzen ergibt sich:

● $\_\_ \cdot \sin\beta = \_\_ \cdot \sin\alpha \Rightarrow$

bzw. die Proportionsgleichung:

$$\frac{a}{\sin\alpha} = \frac{b}{\sin\beta}$$

Sinussatz

In der Formelsammlung findest du die beiden Proportionsgleichungen in fortlaufender Schreibweise als **Sinussatz**:

$$\frac{a}{\sin\alpha} = \frac{b}{\sin\beta} = \frac{c}{\sin\gamma}$$

In Worten:
Für <u>jedes Dreieck</u> gilt, daß die Quotienten aus der Seitenlänge und dem Sinuswert des gegenüberliegenden Winkels jeweils denselben Wert haben.

Der Vorteil dieses Satzes liegt darin, daß wir nun in einem beliebigen Dreieck, beispielsweise aus zwei gegebenen Winkeln und einer gegebenen Seite, sofort die beiden anderen Dreiecksseiten berechnen können.

Beispiel

Im Dreieck ABC sind gegeben:

$\beta = 48°$; $\gamma = 75°$ und c = 6 cm.

Berechne die Längen der Seiten a und b.
Löse die Gleichung

$$\frac{b}{\sin\beta} = \frac{c}{\sin\gamma}$$

auf nach b:

$$\Rightarrow b = \frac{c \cdot \_\_\_\_}{\sin \_\_}$$

$$\Rightarrow b = \frac{\_\_\text{ cm} \cdot \_\_\_\_}{\_\_\_\_} =$$

$$= \_\_\_\_\text{ cm}$$

Da wir über die Winkelsumme im Dreieck auch die Größe des Winkels α kennen:

($\alpha = 180° - 48° - 75° = \_\_°$),

können wir auch die Länge der Seite a berechnen.
Löse die Gleichung

$$\frac{a}{\sin\alpha} = \frac{c}{\sin\gamma}$$

auf nach a:

$$\Rightarrow a = \frac{c \cdot \_\_\_\_}{\sin \_\_}$$

$$\Rightarrow a = \frac{\_\_\text{ cm} \cdot \_\_\_\_}{\_\_\_\_} =$$

$$= \_\_\_\_\text{ cm}$$

Aufgabe

(7) Im Dreieck ABC sind gegeben:
a = 5 cm; c = 7 cm und $\gamma = 50°$.
Bestimme die Größe des Winkels α.

$$\frac{a}{\sin\alpha} = \frac{c}{\sin\gamma} \quad *)$$

$$\Rightarrow \sin\alpha = \frac{\sin \_\_ \cdot \_\_}{\_\_}$$

$$\Rightarrow \sin\alpha = \frac{\_\_\_\_ \cdot \_\_\text{ cm}}{\_\_\text{ cm}} =$$

$$= \_\_\_\_$$

$$\Rightarrow \alpha = \_\_\_\_$$

*) Nimm auf beiden Seiten der Gleichung den Kehrwert, dann kannst du leicht nach $\sin\alpha$ auflösen.

Trigonometrie
Kosinussatz

Kosinussatz

Die Herleitung erfolgt nach denselben Überlegungen, mit deren Hilfe wir das Problem in Beispiel 1 auf Seite 21 gelöst haben.
Im Dreieck ABC sind gegeben:
$\overline{AB} = c$; $\overline{BC} = a$ und β.

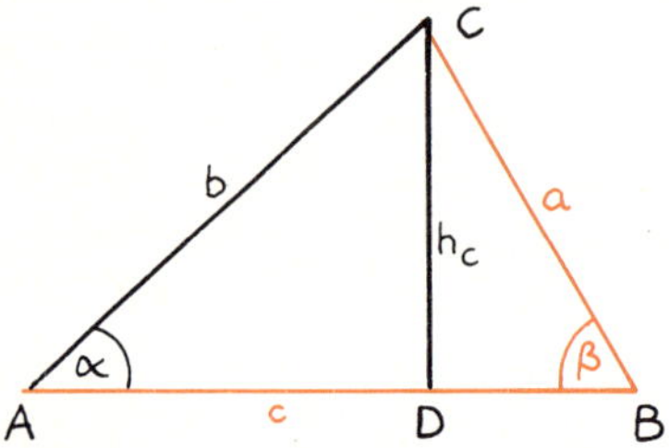

Figur 19

Drücke zunächst $\overline{BD}$ und h_c durch die gegebenen Stücke aus:

$$\cos\beta = \frac{\overline{BD}}{\underline{\quad}} \quad \Rightarrow \overline{BD} = \underline{\quad}\cdot\cos\beta$$

$$\sin\beta = \frac{h_c}{\underline{\quad}} \quad \Rightarrow h_c = \underline{\quad}\cdot\sin\beta$$

Wenn wir im linken Teildreieck ADC den Satz des PYTHAGORAS anwenden, können wir die Terme für $\overline{BD}$ und h_c in die Gleichung einsetzen:

$$b^2 = h_c^2 + \overline{AD}^2 =$$

$$= h_c^2 + (c - \overline{BD})^2 =$$

$$= (\underline{\quad}\cdot\sin\beta)^2 + (c - \underline{\quad}\cdot\cos\beta)^2 =$$

$$= \underline{\quad}^2\cdot\sin^2\beta + c^2 - 2\cdot c\cdot\underline{\quad}\cdot\cos\beta + \underline{\quad}^2\cdot\cos^2\beta =$$

$$= \underline{\quad}^2\cdot\underbrace{(\sin^2\beta + \cos^2\beta)}_{1 \text{ (vergl. S. 12)}} + c^2 - 2\cdot c\cdot\underline{\quad}\cdot\cos\beta =$$

$$= \underline{\quad}^2 + c^2 - 2\cdot c\,\underline{\quad}\cdot\cos\beta$$

Dies ist die gesuchte Beziehung.

Für die anderen Dreieckseiten läßt sich der **Kosinussatz** entsprechend herleiten.

$$\mathbf{a^2 = b^2 + c^2 - 2\cdot b\cdot c\cdot \cos\alpha}$$

$$\mathbf{b^2 = a^2 + c^2 - 2\cdot a\cdot c\cdot \cos\beta}$$

$$\mathbf{c^2 = a^2 + b^2 - 2\cdot a\cdot b\cdot \cos\gamma}$$

In Worten:
Für jedes Dreieck gilt, daß das Quadrat einer Dreiecksseite gleich ist der Summe der Quadrate der anderen Seiten, vermindert um das doppelte Produkt aus diesen Seiten und dem Kosinus des von ihnen eingeschlossenen Winkels.

Ist ein Dreieck durch drei Bestimmungsstücke, unter denen sich mindestens eine Seite befindet, gegeben, dann lassen sich alle anderen Seiten und Winkel mit Hilfe des Sinussatzes und des Kosinussatzes berechnen.

Anwendung von Sinus- und Kosinussatz

Beispiele

1. Mit den Maßen des Dreiecks ABC aus Beispiel 1 von Seite 21:
   $\overline{AB} = 9{,}8\,\text{km}$; $\overline{BC} = 11{,}4\,\text{km}$ und $\beta = 54°$
   können wir die Länge der Seite b über den Kosinussatz direkt berechnen:

$$b^2 = (11{,}4\,\text{km})^2 + (9{,}8\,\text{km})^2 - 2 \cdot \underline{\quad}\,\text{km} \cdot \underline{\qquad\qquad\qquad} =$$

$$= \underline{\qquad}\,\text{km}^2$$

$$\Rightarrow b = \underline{\quad}\,\text{km}$$

2. Im Dreieck ABC sind alle drei Seitenlängen gegeben:
   $a = 10\,\text{cm}$; $b = 7\,\text{cm}$ und $c = 13\,\text{cm}$

a) Berechne die Größe des Winkels α

$$a^2 = b^2 + c^2 - 2 \cdot b \cdot c \cdot \cos\alpha$$

$$\Rightarrow \cos\alpha = \frac{b^2 + c^2 - \underline{\quad}}{\underline{\qquad}}$$

Setze nur die Maßzahlen der Längen ein:

$$\Rightarrow \cos\alpha = \frac{49 + \underline{\quad} - \underline{\quad}}{\underline{\qquad}} =$$

$$= \underline{\qquad}$$

$$\Rightarrow \alpha = \underline{\qquad}$$

b) Berechne die Größe des Winkels β.
Statt den Kosinussatz ein zweites Mal anzuwenden, können wir jetzt, da wir bereits einen Winkel kennen, mit dem einfacheren Sinussatz weiterrechnen:

$$\frac{\sin\beta}{\underline{\quad}} = \frac{\sin\alpha}{\underline{\quad}}$$

$$\Rightarrow \sin\beta = \frac{\underline{\quad} \cdot \sin\alpha}{\underline{\quad}}$$

$$\Rightarrow \sin\beta = \frac{\underline{\quad}\,\text{cm} \cdot \underline{\qquad}}{\underline{\quad}\,\text{cm}} =$$

$$= \underline{\qquad}$$

$$\Rightarrow \beta = \underline{\qquad}$$

Aufgaben

(8) Im Dreieck ABC sind gegeben:
$a = 6\,\text{cm}$; $c = 11\,\text{cm}$ und $\gamma = 80°$.
Berechne die Länge der Seite b.

(9) Im Dreieck RST sind die Seiten
$r = 5\,\text{cm}$; $s = 8\,\text{cm}$ und $t = 11\,\text{cm}$ gegeben.
Berechne die Größe der Winkel bei R (ϱ), bei S (σ) und bei T (τ).

Trigonometrie

Vermessungen

Sowohl Sinus- als auch Kosinussatz finden bei der Landvermessung vielfältige Anwendung.

Beispiel

Von den Endpunkten einer 50 m langen Standlinie werden zu einem Baum die Winkel $\alpha = 43°$ und $\beta = 72°$ gemessen.

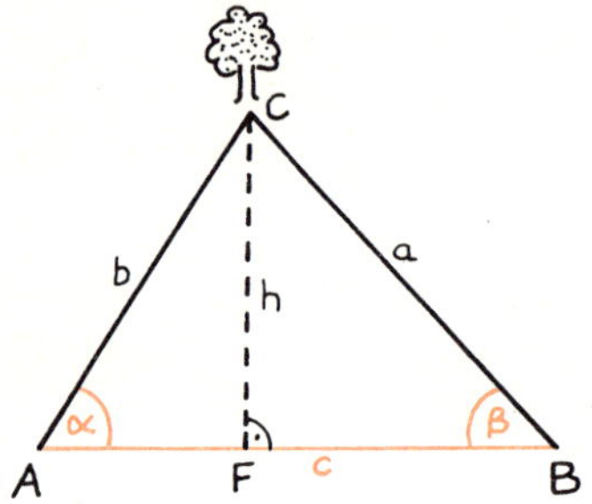

Figur 20

Berechne den Abstand h des Baumes von der Standlinie $\overline{AB}$ (vergleiche Figur 20). *)

- Für den Winkel γ ergibt sich:

  $\gamma =$ ______

- Mit Hilfe des Sinussatzes läßt sich z. B. a berechnen:

  $\frac{a}{c} = \frac{\sin \_\_}{\sin \_\_}$

$\Rightarrow a = \frac{\sin \_\_}{\sin \_\_} \cdot c$

$\Rightarrow a =$ ______ $\cdot 50\,m =$ ______ m

*) zitiert nach: Freie Hansestadt Bremen, Lehrplanentwurf, Mathematik, Realschule, Klasse 10, März 82

- Im ______ winkligen Dreieck BCF gilt:

  $\sin \beta = \frac{\_\_}{\_\_}$

$\Rightarrow$ h = ___ $\cdot \sin \beta$

$\Rightarrow$ h = ______ m $\cdot$ ______ = ______ m

Aufgabe

(10) Die Länge der Strecke $\overline{CD}$ (vergleiche Figur 21) soll in unbegehbarem Gelände bestimmt werden.

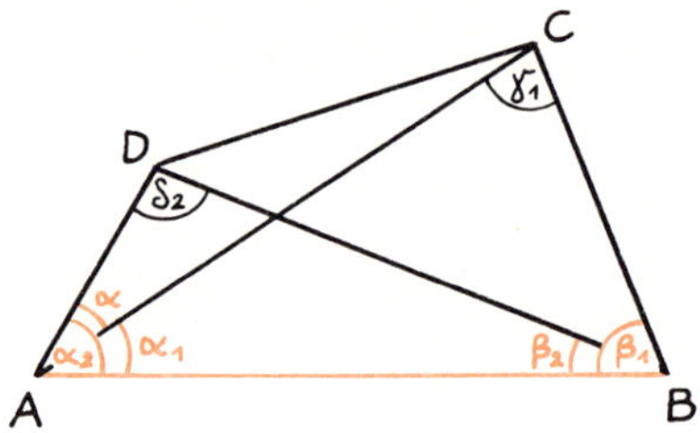

Figur 21

Von der Standlinie [AB] aus werden dazu folgende Messungen vorgenommen:

$\overline{AB} = 500\,m$; $\alpha_1 = 45°$; $\beta_1 = 80°$
$\alpha_2 = 85°$ und $\beta_2 = 35°$.

- Im Dreieck ABD läßt sich $\overline{AD}$ mit dem

  ________satz berechnen; mit

  $\delta_2 = 180° - \alpha_2 - \_\_\_ =$ ______

  ergibt sich:

  $\frac{\overline{AD}}{\overline{AB}} = \frac{\sin \_\_}{\sin \_\_}$

$\Rightarrow \overline{AD} = \overline{AB} \cdot \frac{\sin \_\_}{\sin \_\_}$

$\Rightarrow \overline{AD} = 500\,m \cdot$ ______ = ______ m

Neigungswinkel
Pyramide

- Im Dreieck ABC läßt sich $\overline{AC}$ mit dem _________satz berechnen; mit

$\gamma_1 = 180° - \alpha_1 - \underline{\quad} = \underline{\qquad}$
ergibt sich:

$$\frac{\overline{AC}}{\overline{AB}} = \frac{\sin \underline{\quad}}{\sin \underline{\quad}}$$

$$\Rightarrow \overline{AC} = \overline{AB} \cdot \frac{\sin \underline{\quad}}{\sin \underline{\quad}}$$

$$\Rightarrow \overline{AC} = 500\,\text{m} \cdot \underline{\qquad} = \underline{\qquad}\,\text{m}$$

- Im Dreieck ACD läßt sich die gesuchte Länge der Strecke $\overline{CD}$ mit dem _________satz berechnen; mit

$\alpha = \alpha_2 - \underline{\quad} = \underline{\qquad}$
ergibt sich:

$$\overline{CD}^2 = \overline{AD}^2 + \underline{\quad}^2 - 2 \cdot \overline{AD} \cdot \underline{\quad} \cdot \cos \underline{\quad}$$

$$\Rightarrow \overline{CD}^2 = \underline{\qquad} + \underline{\qquad} - 2 \cdot \underline{\qquad} \cdot \underline{\qquad} \cdot \underline{\qquad} =$$

$$= \underline{\qquad}\,\text{m}^2$$

$$\Rightarrow \overline{CD} = \underline{\qquad}\,\text{m}$$

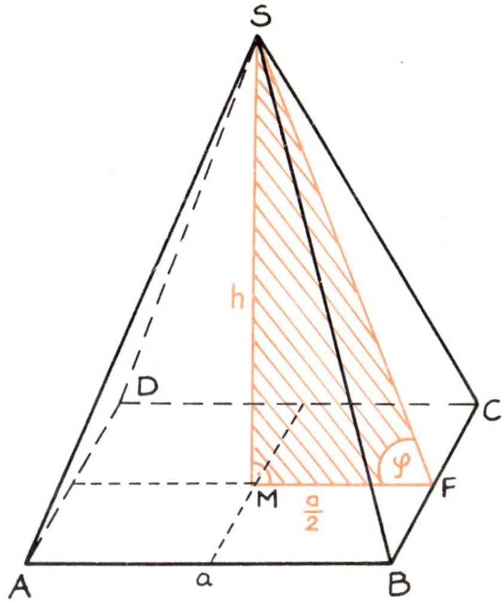

Figur 22

Neigungswinkel

Auch bei räumlichen Problemstellungen können wir die Sinus-, Kosinus- und Tangensbeziehungen anwenden.

1. Beispiel

Bei einer geraden Pyramide mit quadratischer Grundfläche betragen die Quadratseite a = 6 cm und die Pyramidenhöhe h = 10 cm.
Berechne den Neigungswinkel φ der Seitenflächen der Pyramide gegen die Grundfläche.

In Planfigur 22 ist das sogenannte Stützdreieck MFS schraffiert gezeichnet.

Der gesuchte Winkel φ tritt bei Punkt F auf.

$$\tan \varphi = \frac{h}{\frac{a}{2}}$$

$$\Rightarrow \tan \varphi = \frac{\underline{\quad}\,\text{cm}}{\underline{\quad}\,\text{cm}} =$$

$$= \underline{\qquad}$$

$$\Rightarrow \quad \varphi = \underline{\qquad}$$

Trigonometrie
Stützdreieck

Beachte

Je eine Seite des **Stützdreiecks** muß in einer der beiden Ebenen liegen, deren Neigungswinkel gesucht ist, und beide Strecken müssen senkrecht stehen auf der Schnittgeraden der beiden Ebenen.
In Figur 22 gilt:
MF liegt in der Grundfläche, SF liegt in der Seitenfläche mit $MF \perp BC$ und auch $SF \perp BC$.

2. Beispiel

Bei einer geraden Pyramide mit rechteckiger Grundfläche betragen die Rechteckseiten a = 12 cm und b = 5 cm, sowie die Pyramidenhöhe h = 18 cm.
Berechne den Neigungswinkel ψ der Seitenkanten zur Grundfläche.
In Planfigur 23 ist das Stützdreieck AMS schraffiert eingezeichnet.

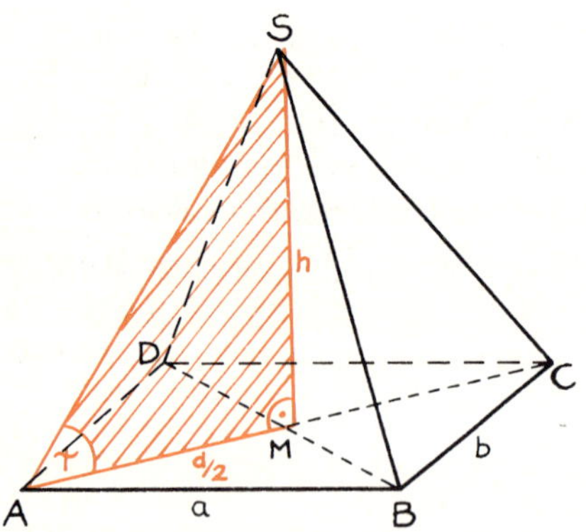

Figur 23

Der gesuchte Winkel ψ tritt beim Punkt A auf. $\overline{AM}$ ist halb so lang, wie die Diagonale d im Rechteck ABCD.

$$d = \sqrt{a^2 + b^2}$$

$$\Rightarrow d = \sqrt{\_\_\ cm^2 + \_\_\ cm^2} =$$

$$= \_\_\_\_\ cm$$

Damit können wir ψ berechnen:

$$\_\_\ \psi = \frac{h}{\frac{d}{2}}$$

$$\Rightarrow \_\_\ \psi = \frac{\_\_\ cm}{\_\_\ cm} = \_\_\_\_$$

$$\Rightarrow \psi = \_\_$$

Beachte

Für das **Stützdreieck** zwischen einer Geraden bzw. einer Strecke und einer Ebene gilt:
Von einem Punkt der Geraden bzw. der Strecke muß das Lot auf die Ebene gefällt werden. Der Punkt, sowie der Lotfußpunkt bilden mit dem Schnittpunkt von Geraden und Ebene das gesuchte Stützdreieck.
In Figur 23 gilt:
AS ist die Gerade; das Lot von S auf die Grundfläche ist die Höhe h, mit dem Fußpunkt M, und A ist der Schnittpunkt zwischen der Geraden AS und der Grundfläche.

Aufgaben

(11) Von einer Pyramide mit rechteckiger Grundfläche ABCD sind gegeben:
a = 10 cm; b = 4 cm und die Pyramidenhöhe h = 15 cm.

a) Zeichne eine Planfigur 24 von der Pyramide und den notwendigen Stützdreiecken.

Neigungswinkel Kegel, Pyramidenstumpf

b) Berechne den Neigungswinkel φ der Seitenfläche ABS gegen die Grundfläche.

c) Berechne den Neigungswinkel ψ der Seitenfläche BCS gegen die Grundfläche.

d) Berechne die Länge der Dreieckshöhe h_a im Seitendreieck ABS.

e) Berechne die Länge der Dreieckshöhe h_b im Seitendreieck BCS.

f) Berechne damit die Mantelfläche M der Pyramide.

(12) Berechne den Neigungswinkel φ (vergl. Figur 25) der Mantelfläche zur Grundfläche eines Kegels mit dem Grundkreisradius $r = 3$ cm und der Körperhöhe $h = 7$ cm.

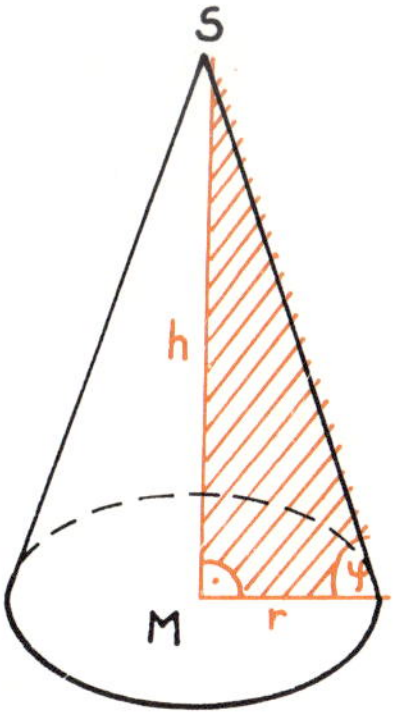

Figur 25

(13) Von einem Pyramidenstumpf *) mit quadratischer Grund- und Deckfläche sind die Grundflächenseite $g = 10$ cm, die Deckflächenseite $d = 6$ cm und die Körperhöhe $h = 12$ cm gegeben.

(Vergleiche Figur 26a und verwende bei deinen Berechnungen die Bezeichnungen der Planfigur.)

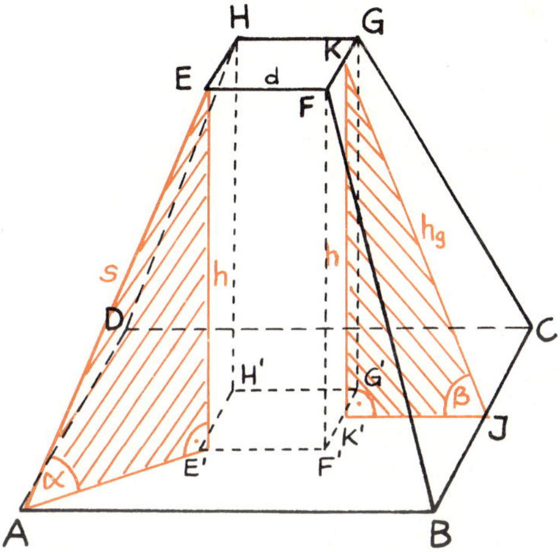

Figur 26a

a) Berechne den Neigungswinkel α der Seitenkanten s gegen die Grundfläche.

b) Berechne den Neigungswinkel β der Seitenflächen gegen die Grundfläche.

c) Berechne mit Hilfe der Hinweise die Längen der Höhe $\overline{SM}$ sowie der Seitenkante $\overline{ES}$ der Ergänzungspyramide (vergl. Figur 26b).

*) vergl. ML 44 Seite 89

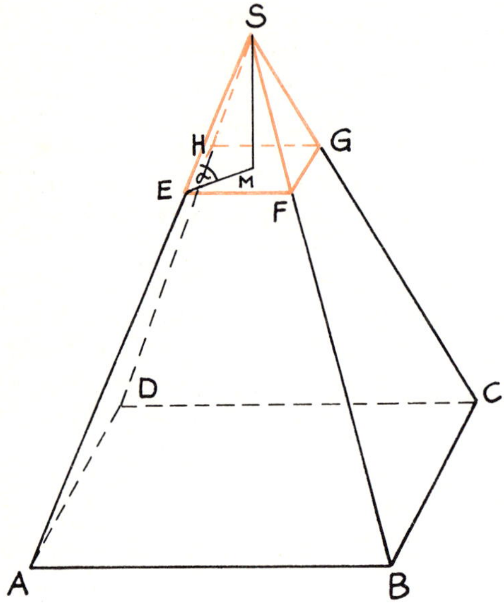

Figur 26b

Hinweis: Bei geraden Pyramidenstümpfen bzw. Kegelstümpfen treten die Neigungswinkel der Seitenflächen und Seitenkanten bei der Ergänzungspyramide bzw. dem Ergänzungskegel nocheinmal auf!

Damit kennen wir im Dreieck EMS den Winkel α bei E, sowie die Länge

$\overline{EM} = \frac{1}{2} \cdot \sqrt{2} \cdot 6\,\text{cm} = 4{,}24\,\text{cm}.$

$$\_\_\_\,\alpha = \frac{\overline{SM}}{\overline{EM}} \Rightarrow \overline{SM} = \overline{EM} \cdot \_\_\_\,\alpha$$

$$\Rightarrow \overline{SM} = \_\_\_\_\_\,\text{cm} \cdot \_\_\_\_\_ =$$

$$= \_\_\_\_\_\,\text{cm}$$

$$\_\_\_\,\alpha = \frac{\overline{EM}}{\overline{ES}} \Rightarrow \overline{ES} = \frac{\overline{EM}}{\_\_\_\,\alpha}$$

$$\Rightarrow \overline{ES} = \frac{\_\_\_\_\_\,\text{cm}}{\_\_\_\_\_} =$$

$$= \_\_\_\_\_\,\text{cm}$$

Aufgabe (14) ist eine Anwendungsaufgabe aus der Physik; Aufgabe (15) ist ein – etwas komplizierteres – Beispiel aus der Landvermessung.

(14) Wieviel Tonnen Sand können auf eine kreisförmige Grundfläche von 20 m^2 aufgeschüttet werden bei einem Böschungswinkel $\varphi = 32°$ und der Dichte $\varrho = 1{,}5\,\frac{t}{m^3}$?

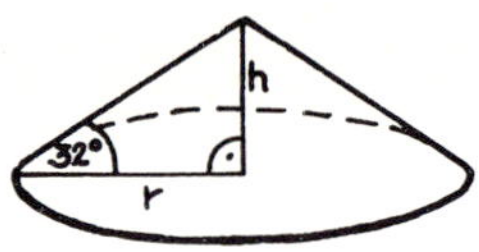

Figur 27

Berechne mit Hilfe der Formeln

$$A_o = r^2 \cdot \pi \qquad V_{Kegel} = \frac{1}{3} \cdot r^2 \cdot \pi \cdot h$$

$$\varrho = \frac{m}{V}$$

a) die Länge des Grundkreisradius r;
b) die Länge der Höhe h;
c) das Volumen V der Sandmenge;
d) und die Masse m des Sandes.

Vermessungsaufgaben

(15) Die Höhendifferenz x zweier benachbarter Berggipfel A und B soll bestimmt werden. Dazu werden von A aus der Fußpunkt B und die Spitze C des 7,4 m hohen Gipfelkreuzes anvisiert. Die gemessenen Höhenwinkel betragen $\alpha = 23°$ und $\beta = 25°$ (vergl. Figur 28). *)

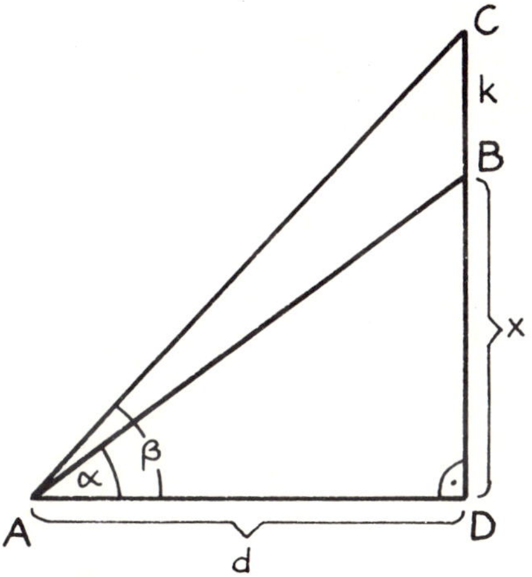

Figur 28

Hinweis: Wir können zunächst zwei Gleichungen I und II mit den Unbekannten x und d aufstellen; beide Gleichungen lösen wir nach der Unbekannten d auf, setzen die erhaltenen Terme gleich und errechnen aus der so erhaltenen Gleichung die verbliebene Unbekannte x.

$$\text{I} \quad \_\_\_\,\alpha = \frac{x}{d} \Rightarrow d = \frac{x}{\_\_\_\,\alpha}$$

$$\text{II} \quad \_\_\_\,\beta = \frac{k + x}{d} \Rightarrow d = \frac{k + x}{\_\_\_\,\beta}$$

$\Rightarrow$ gleichsetzen

$$\Rightarrow \frac{x}{\_\_\_\,\alpha} = \frac{k + x}{\_\_\_\,\beta}$$

$$\Rightarrow x \cdot \_\_\_\,\beta = k \cdot \_\_\_\,\alpha + x \cdot \_\_\_\,\alpha$$

$$\Rightarrow x \cdot (\_\_\_\,\beta - \_\_\_\,\alpha) = k \cdot \_\_\_\,\alpha$$

$$\Rightarrow x = \frac{k \cdot \_\_\_\,\alpha}{\_\_\_\,\beta - \_\_\_\,\alpha}$$

$$\Rightarrow x = \frac{\_\_\_\_\,m \cdot \_\_\_\_}{\_\_\_\_ - \_\_\_\_} = \_\_\_\_\,m$$

$\Rightarrow$ Die Höhendifferenz der beiden Berggipfel beträgt ______ m.

Bisher haben wir die Winkelbeziehungen nur für Winkel zwischen 0° und 90° definiert, da wir von rechtwinkligen Dreiecken ausgegangen waren. Im folgenden Kapitel werden wir diese Beziehungen auf Winkel ausweiten, die größer sind als 90°.

*) Zitiert nach Lehrplanentwurf, Freie und Hansestadt Bremen, Mathematik Gymnasien 10. Klasse, März 82

Winkelfunktionen

Definitionen

Trägt man den Winkel α im Ursprung an die positive x-Achse an, dann schneidet der freie Schenkel des Winkels α den Einheitskreis (r = 1 LE) im Punkt P. Die y-Koordinate von P heißt **Sinus** von α. Die x-Koordinate von P heißt **Kosinus** von α.

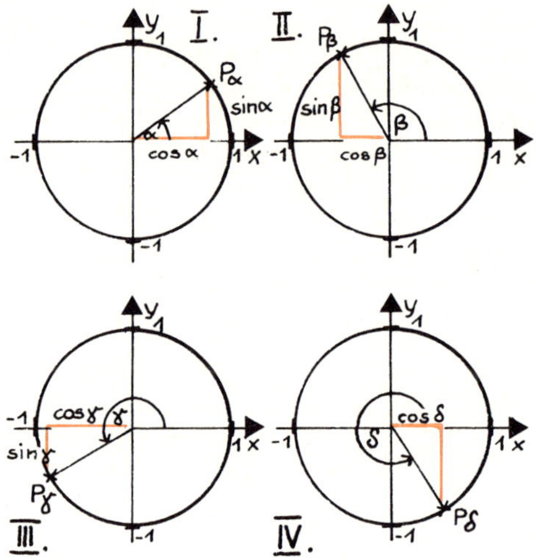

Figur 29a–d

Wenn wir uns diese Definitionen mit einem Schaubild klarmachen, wirst du erkennen, daß sich die Sinus- und Kosinuswerte des I. Quadranten in den weiteren Quadranten II – IV nach bestimmten Gesetzmäßigkeiten wiederholen. Denn wenn wir auf das Vorzeichen achten, genügt es, die Wertetabellen der Winkelfunktionen im Bereich zwischen 0° und 90° zu kennen.

Bereits aus den Schemazeichnungen der Figur 29 und der obigen Definition kannst du dir die Vorzeichen der Sinus- und Kosinuswerte für die größeren Winkel klarmachen. Ergänze in der folgenden Tabelle Plus- und Minuszeichen.

φ	0°–90° I. Quadrant	90°–180° II. Quadrant	180°–270° III. Quadrant	270°–360° IV. Quadrant
$\sin\varphi$	+			
$\cos\varphi$	+			

In die obigen Definitionen fügen sich auch die auf Seite 16 zusätzlich definierten Grenzwerte ein:

$\sin 0° = 0$; $\cos 0° = 1$;

$\sin 90° = 1$; $\cos 90° = 0$.

Ergänze die Werte für die Winkel 180°, 270° und 360°:

$\sin 180° =$ ___; $\cos 180° =$ ___;

$\sin 270° =$ ___; $\cos 270° =$ ___;

$\sin 360° =$ ___; $\cos 360° =$ ___.

Einheitskreis

In Figur 30 erkennst du vier Punkte (P_1 – P_4) auf dem Einheitskreis, mit den zugehörigen Winkeln (α_1 – α_4). Die Koordinaten der vier Punkte unterscheiden sich nur durch ihre Vorzeichen.

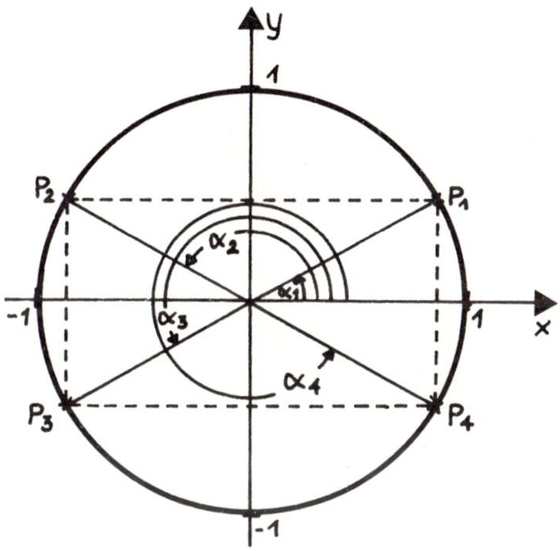

Figur 30

Mit den Koordinaten x und y von P_1 (x|y) lassen sich auch die Koordinaten der Punkte P_2, P_3 und P_4 ausdrücken.

- Da P_1 und P_2 symmetrisch zur y-Achse liegen, gilt für P_2 (–x|y);
- da P_2 und P_3 symmetrisch zur ___-Achse liegen, gilt für P_3 (___|___);
- da P_3 und P_4 symmetrisch zur ___-Achse liegen, gilt für P_4 (___|___).

(Diese Aussagen sind auch eine Bestätigung der Vorzeichenregelung der letzten Tabelle.)

Überlege nun, wie die Winkel α_2, α_3 und α_4 mit dem Winkel α_1 zusammenhängen:

II. Quadrant: $\alpha_2 = 180° - \alpha_1$

bzw. $\alpha_1 = 180° - \alpha_2$

III. Quadrant: $\alpha_3 = 180° \_\_\_ \alpha_1$

bzw. $\alpha_1 = \alpha_3 \_\_\_ 180°$

IV. Quadrant: $\alpha_4 = \_\_\_\_\_\_$

bzw. $\alpha_1 = \_\_\_\_\_\_ - \alpha_4$

Mit Hilfe dieser Symmetrieüberlegungen können wir jedem stumpfen bzw. überstumpfen Winkel einen spitzen Winkel zuordnen.

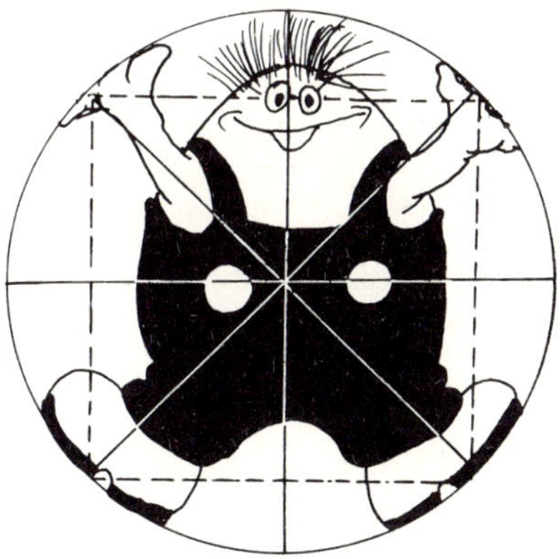

Winkelfunktionen

Beispiele

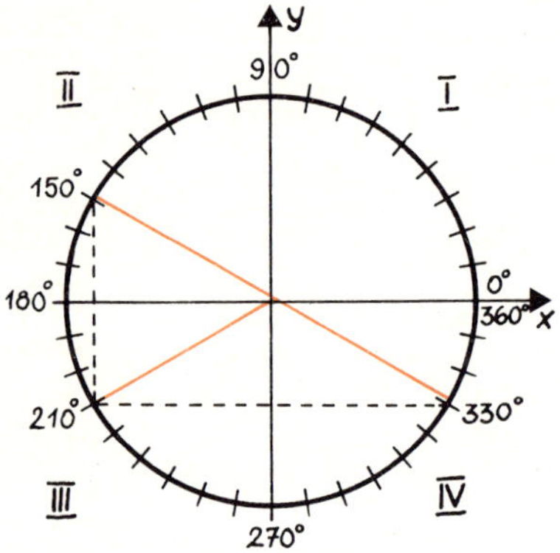

Figur 31 a

Dem Winkel φ	entspricht der spitze Winkel ψ
$r_2 = 150°$	$\hat{=}\ \psi = 180° - 150° \quad = $ ______
$\varphi_3 = 210°$	$\hat{=}\ \psi = 210° - $ ______ $ = $ ______
$\varphi_4 = 330°$	$\hat{=}\ \psi = $ ______ $ - 330° = $ ______

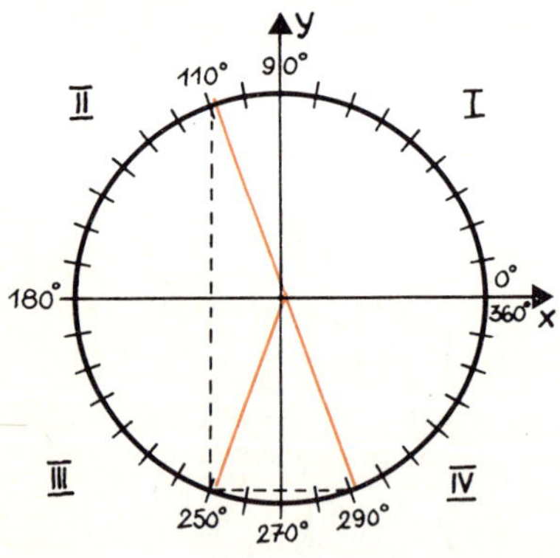

Figur 31 b

Dem Winkel φ	entspricht der spitze Winkel ψ
$\varphi_2 = 110°$	$\hat{=}\ \psi = 180° - 110° \quad = $ ______
$\varphi_3 = 250°$	$\hat{=}\ \psi = $ ______ $-$ ______ $=$ ______
$\varphi_4 = 290°$	$\hat{=}\ \psi = $ ______ $-$ ______ $=$ ______

Nach diesen beiden Beispielen und den Überlegungen zu den Vorzeichen hast du sicher schon erkannt, wie die Sinus- und Kosinuswerte der stumpfen und überstumpfen Winkel auf die Werte der entsprechenden spitzen Winkel zurückgeführt werden können.

Zurückführung auf spitze Winkel

Zurückführung auf spitze Winkel

Für den Bereich	gilt
$90° < \varphi < 180°$ (II. Quadrant)	$\sin\varphi = +\sin(180° - \varphi)$ *) $\cos\varphi = -\cos(180° - \varphi)$ *)
$180° < \varphi < 270°$ (III. Quadrant)	$\sin\varphi = -\sin(\varphi - 180°)$ $\cos\varphi = -\cos(\varphi - 180°)$
$270° < \varphi < 360°$ (IV. Quadrant)	$\sin\varphi = -\sin(360° - \varphi)$ $\cos\varphi = +\cos(360° - \varphi)$

Beispiele

Bestimme mit Hilfe der Tabelle von Seite 18/19 und den Regeln für die Zurückführung auf spitze Winkel die Sinus- bzw. Kosinuswerte der Winkel und umgekehrt.

a) $\sin 150° = +\sin 30° = +$ ______

b) $\cos 250° = -\cos$ ___ $= -$ ______

c) $\sin 300° = -\sin$ ___ $= -$ ______

d) $\cos\alpha = -0{,}8090$

$\Rightarrow \alpha$ im II. oder III. Quadranten

mit $\alpha_1 = 180° - 36° =$ ______

und $\alpha_2 = 180° + 36° =$ ______

e) $\sin\beta = -0{,}8090$

$\Rightarrow \beta$ im III. oder IV. Quadranten

mit $\beta_1 = 180° + 54° =$ ______

und $\beta_2 = 360° -$ ______ $=$ ______

*) Diese Beziehungen heißen auch Supplementbeziehungen

f) $\sin\gamma = +0{,}2079$

$\Rightarrow \gamma$ im I. oder II. Quadranten

mit $\gamma_1 = 12°$

und $\gamma_2 =$ ______ $-$ ______ $=$ ______

Aufgaben

(16) Bestimme die Sinus- und Kosinuswerte

a) $\cos 130° =$ ______

b) $\sin 230° =$ ______

c) $\cos 320° =$ ______

d) $\sin 100° =$ ______

(17) Bestimme die – jeweils zwei – möglichen Winkel

a) $\sin\alpha = -0{,}3090$

$\Rightarrow \alpha$ im ___ oder ___ Quadranten

mit $\alpha_1 =$ ______

und $\alpha_2 =$ ______

Winkelfunktionen

b) $\cos\beta = -0{,}3090$

$\Rightarrow \beta$ im ___ oder ___ Quadranten

mit $\beta_1 =$ ______

und $\beta_2 =$ ______

c) $\cos\gamma = +0{,}6018$

$\Rightarrow \gamma$ im ___ oder ___ Quadranten

mit $\gamma_1 =$ ______

und $\gamma_2 =$ ______

In der Reihe der Winkelfunktionen fehlt noch die Tangensfunktion. Wenn wir die Beziehung von Seite 19 auf die erweiterten Sinus- und Kosinusfunktionen übertragen, ist damit auch die Tangensfunktion über den Bereich $0 \leqq \varphi < 90°$ hinaus definiert.

Definition

$$\tan\varphi = \frac{\sin\varphi}{\cos\varphi} \quad \text{für} \quad \varphi \neq 90° \quad \text{und} \quad \varphi \neq 270° \text{ *)}$$

Aus den Vorzeichen der Sinus- und Kosinuswerte in den vier Quadranten ergeben sich mit der Definition auch die Vorzeichen für die Tangensfunktion.

Ergänze Plus- und Minuszeichen:

φ	$0 < \varphi < 90°$	$90° < \varphi < 180°$	$180° < \varphi < 270°$	$270° < \varphi < 360°$
$\sin\varphi$	+	+		
$\cos\varphi$	+	–		
$\tan\varphi$	+	–		

Die Zurückführung auf spitze Winkel ergibt sich wie bei Sinus und Kosinus:

$90° < \varphi < 180°$	$\tan\varphi = -\tan(180° - \varphi)$
$180° < \varphi < 270°$	$\tan\varphi = +\tan(\varphi - 180°)$
$270° < \varphi < 360°$	$\tan\varphi = -\tan(360° - \varphi)$

Aufgaben

(18) Bestimme die Tangenswerte

a) $\tan 140° = -\tan$ ___ $= -\dfrac{\sin \_\_\_}{\cos \_\_\_} =$

$= -\dfrac{\_\_\_}{\_\_\_} =$ ______

b) $\tan 190° = +\tan$ ___ $= +\dfrac{\sin \_\_\_}{\cos \_\_\_} =$

$= +\dfrac{\_\_\_}{\_\_\_} =$ ______

c) $\tan 315° =$ ______

*) Da $\cos 90° = \cos 270° = 0$ und der Nenner eines Bruches nicht Null sein darf!

Steigung
allgemeine Geradengleichung

(19) Bestimme die – jeweils zwei – möglichen Winkel

a) $\tan\alpha = +0{,}8391$

$\Rightarrow$ α im ___ oder ___ Quadranten

mit α_1 – ______

und α_2 = ______

b) $\tan\beta = -0{,}2679$

$\Rightarrow$ β im ___ oder ___ Quadranten

mit β_1 = ______

und β_2 = ______

Den aus der Umgangssprache bekannten Begriff der Steigung oder des Anstiegs einer Straße können wir nun mit Hilfe des Tangens genau erklären.

Definition

Die **Steigung einer Straße** ist gleich dem Tangens des Anstiegswinkels; häufig wird die Steigung in Prozentwerten angegeben.

Beispiel

Bestimme die prozentuale Steigung einer Straße, die auf eine Länge l von 70 m einen Höhenunterschied h von 10 m überwindet.

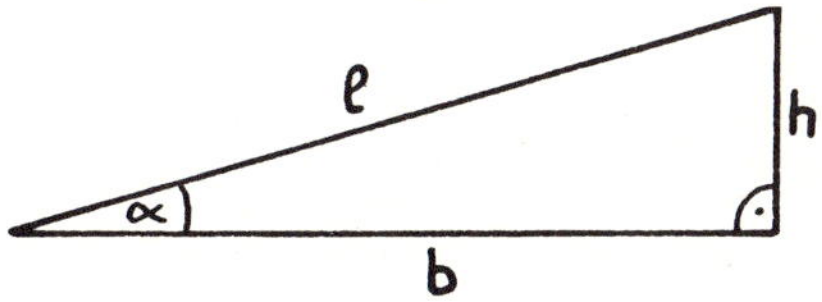

Figur 32

Damit wir den Tangens des Winkels α bestimmen können, müssen wir zunächst die Länge b der Ankathete berechnen.

- $b = \sqrt{\_\_\_\_\ m^2 - \_\_\_\_\ m^2} = \_\_\_\_$ m
- $\tan\alpha = \frac{\_\_\_}{b} = \frac{\_\_\_\_\ m}{\_\_\_\_\ m} = \_\_\_\_ =$ *)

  $= \_\_\_\_\ \%$

$\Rightarrow$ Die Steigung beträgt ______%.

Auch im mathematischen Zusammenhang kennst du den Begriff der Steigung bereits.

Wiederholung

- In der allgemeinen Geradengleichung $y = m \cdot x + t$ ist *m/t* die Steigung und *m/t* der y-Achsenabschnitt der Geraden **).
- Für die Steigung findest du in deiner Formelsammlung die Formel

  $$\_\_\_ = \frac{y_2 - y_1}{x_2 - x_1}$$

Die Steigung einer Geraden läßt sich aber auch über die Winkelfunktionen definieren.

---

*) Verschiebe das Komma um zwei Stellen; Prozent bedeutet „Hundertstel"

**) In der Schreibweise $y = ax + b$ ist a die Steigung und b der y-Achsenabschnitt.

Winkelfunktionen

Definition

Die **Steigung** einer Geraden ist gleich dem Tangens des Steigungswinkels α *).

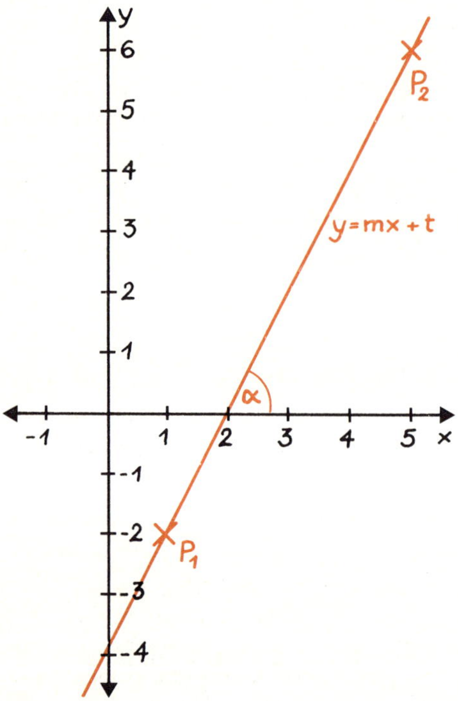

Figur 33a

In Figur 33b sind die Punkte P_1 $(x_1|y_1)$ und P_2 $(x_2|y_2)$ sowie das Steigungsdreieck P_1HP_2 ergänzt.

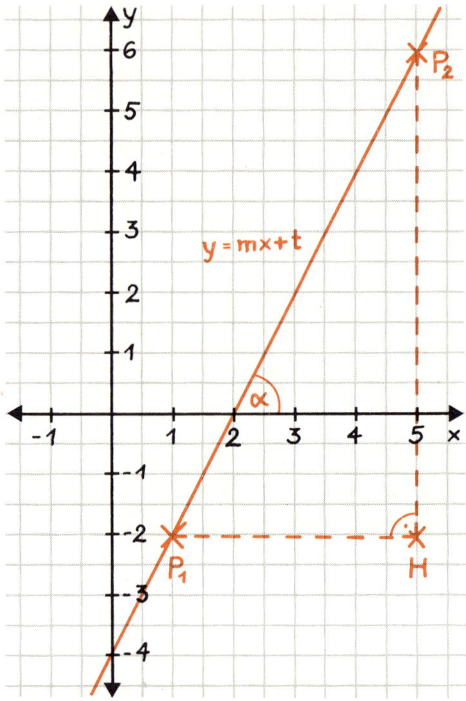

Figur 33b

- H hat die x-Koordinate des Punktes P_ und die y-Koordinate des Punktes P_ .
- Du erkennst, daß der Steigungswinkel im rechtwinkligen Dreieck P_1HP_2 beim Punkt ___ nochmals auftritt.
- Für den Tangens gilt:

$$\tan\alpha = \frac{\overline{HP_2}}{\_\_\_} = \frac{y_2 - \_\_\_}{\_\_\_ - \_\_\_}$$

*) Der Steigungswinkel α hat die x-Achse als 1. Schenkel und die Gerade als 2. Schenkel. Dabei gilt $0 \leqq \alpha \leqq 180°$.

fallende Gerade

- Lies die Koordinaten aus Figur 33b ab:
  P_1 (___|___); P_2 (___|___);
  H (___|___).
- Mit den Koordinaten der Punkte gilt:

$$\tan \alpha = m = \frac{\_\_\_ - (\_\_\_)}{\_\_\_ - \_\_\_} = \_\_\_\_\_\_$$

$$\Rightarrow \alpha = \_\_\_\_\_\_$$

Auch bei fallenden Geraden wird die Steigung mit dem Tangens des Steigungswinkels erklärt.

Erinnere dich:

- Bei fallenden Geraden gilt für den Steigungsfaktor: m ___ 0.

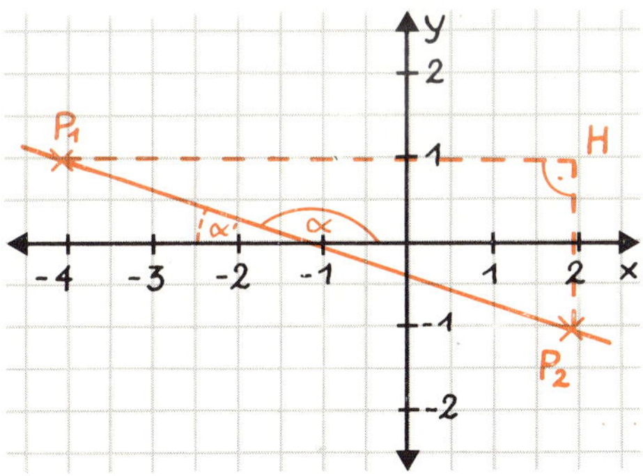

Figur 34

- In Figur 34 erkennst du, daß zwar der Winkel α nicht im rechtwinkligen Dreieck P_1P_2H vorkommen kann – aber der zugehörige Ergänzungswinkel *) α' tritt beim Punkt ___ nochmals auf. **)

*) Ergänzungswinkel ergänzen sich zu 180°

**) Als Wechselwinkel an Parallelen.

- In der Tabelle auf Seite 38 kannst du bei der Zurückführung auf spitze Winkel ablesen, daß sich die Tangenswerte der Ergänzungswinkel φ und $(180° - \varphi)$ nur durch ein ______zeichen unterscheiden.
- Lies die Koordinaten aus Figur 34 ab:
  P_1 (___|___); P_2 (___|___).
  Für den Tangens des Steigungswinkels gilt:

$$\tan \alpha = m = \frac{\_\_\_ - \_\_\_}{\_\_\_ - (\_\_\_)} = \_\_\_$$

$\Rightarrow \alpha$ liegt im II. Quadranten, mit
$\alpha = 180° - \_\_\_° = \_\_\_°$

Dies war die erste praktische Anwendung der Erweiterung der Definitionsmenge der Winkelfunktionen.

Mit Hilfe der soeben angestellten Überlegungen können wir auch den Schnittwinkel zwischen zwei Geraden ermitteln.

Winkelfunktionen
Schnittwinkel

Beispiel

Bestimme den Schnittwinkel φ zwischen den beiden Geraden g_1 und g_2, mit

g_1: $y = 0{,}6 \cdot x + 3$ und

g_2: $y = 3 \cdot x - 5$

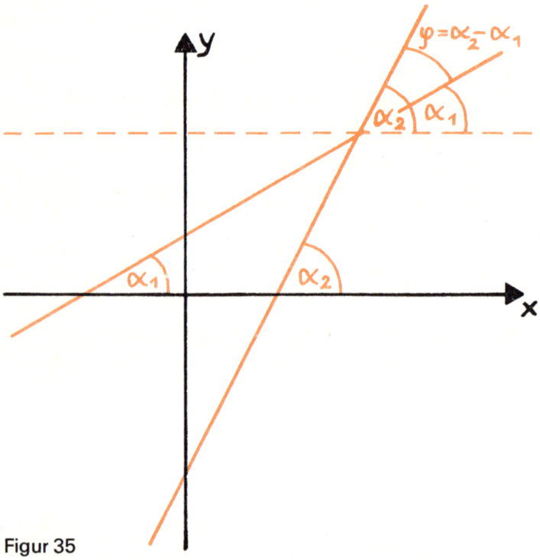

Figur 35

- $\tan \alpha_1 = 0{,}6 \Rightarrow \alpha_1 = 31°$
- $\tan \alpha_2 = 3 \quad \Rightarrow \alpha_2 =$ ______

$\Rightarrow$

$\Rightarrow$ Schnittwinkel $\varphi = \alpha_2 - \alpha_1 =$

$=$ ______ $- 31° =$

$=$ ______

Aufgabe

(20) Gegeben sind die drei Punkte P (−2|1), Q (2|−3) und R (1|7).

a) Zeichne in das Koordinatensystem der Figur 36 die Punkte P, Q und R ein, und verbinde sie zum Dreieck PQR.

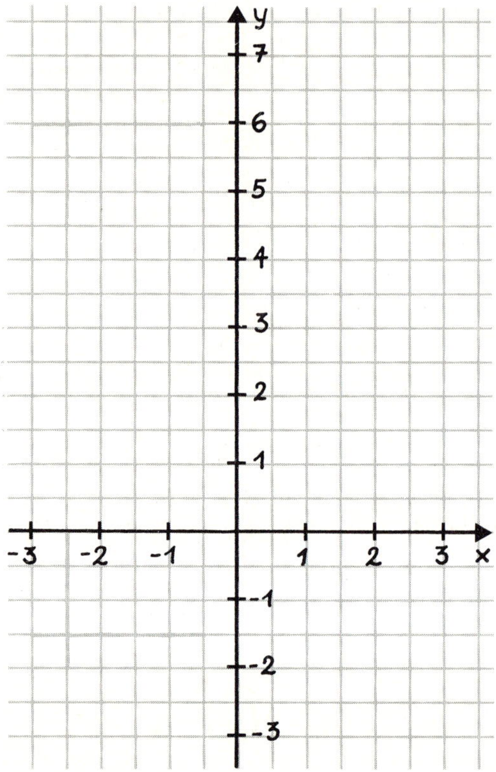

Figur 36

b) Bestimme die Gleichung der Geraden *)
$g_1 = PQ$.

- $m_1 = \dfrac{y_2 - y_1}{x_2 - x_1} =$ ____________ $=$ ______

*) vergl. ML 36 Seite 114 ff

Steigungswinkel Winkel im Dreieck

- Setze in die Gleichung $y = m_1 x + t_1$ die Koordinaten des Punktes P *) für x und y sowie die errechnete Steigung m_1 ein:

$$\_\_\_ = \_\_\_ \cdot \_\_\_ + t_1 \Rightarrow t_1 = \_\_\_$$

$$\Rightarrow y = \_\_\_ \cdot x \_\_\_$$

c) Bestimme den Steigungswinkel der Geraden g_1.

- $m_1 = \tan \alpha_1 = \_\_\_$

$\Rightarrow \qquad \alpha_1 = \_\_\_$

d) Bestimme die Gleichung der Geraden $g_2 = PR$.

- $m_2 = \dfrac{y_2 - y_1}{x_2 - x_1} = \_\_\_\_\_\_\_\_ = \_\_\_$

- Setze in die Gleichung $y = m_2 x + t_2$ die Koordinaten des Punktes R **) für x und y sowie die errechnete Steigung m_2 ein:

$$\_\_\_ = \_\_\_ \cdot \_\_\_ + t_2 \Rightarrow t_2 = \_\_\_$$

$$y = \_\_\_ \cdot x + \_\_\_$$

e) Bestimme den Steigungswinkel der Geraden g_2.

- $m_2 = \tan \alpha_2 = \_\_\_$

$\Rightarrow \qquad \alpha_2 = \_\_\_$

f) Bestimme den Schnittwinkel der beiden Geraden g_1 und g_2.

$$\varphi = \alpha_1 - \alpha_2 =$$

$$= \_\_\_^\circ - \_\_\_^\circ = \_\_\_^\circ$$

Hinweis: Immer den kleineren Winkel vom größeren subtrahieren.

*) oder des Punktes Q

**) oder des Punktes P

Die nächsten beiden Aufgaben kannst du wieder mit Hilfe des Sinus- und des Kosinussatzes lösen; die Ergebnisse werden dir zeigen, daß es sich erstmals um stumpfwinklige Dreiecke handelt.

(21) Gegeben sind die Seiten des Dreiecks ABC mit: $a = 10\,cm$; $b = 7\,cm$ und $c = 5\,cm$.
(Vergl. Beispiel 2 S. 27)

a) Bestimme die Größe des Winkels α.

b) Bestimme die Größe des Winkels β.

(22) Gegeben sind die Seiten $a = 3\,cm$ und $c = 7\,cm$, sowie der Winkel $\alpha = 20°$ des Dreiecks ABC.

a) Bestimme die Größe des Winkels γ

Hinweis: Da γ sowohl ein spitzer als auch ein stumpfer Winkel sein kann, gibt es hier zwei Lösungen!
(Auch bei der Konstruktion des Dreiecks würdest du zwei Lösungen erhalten.)

b) Bestimme die Länge der Seite b.

Hinweis: Da sich für den Winkel γ zwei Lösungen ergeben haben, gibt es auch für den Winkel β zwei Möglichkeiten und damit auch zwei Lösungen für b.

Nachdem wir den Definitionsbereich der Winkelfunktionen erweitert haben, werden wir die bisher kennengelernten Gesetzmäßigkeiten zusammenfassen und die zugehörigen Graphen zeichnen.

Winkelfunktionen

Graph der Sinusfunktion

Mit Hilfe der Überlegungen von Seite 37 kannst du die folgende Wertetabelle vervollständigen (φ steht für den Winkel in Grad, x steht für das Bogenmaß des Winkels).

$\varphi \triangleq x$	$0° \triangleq 0$	$30° \triangleq \frac{\pi}{6}$	$45° \triangleq \frac{\pi}{4}$	$60° \triangleq \frac{\pi}{3}$	$90° \triangleq \frac{\pi}{2}$
$\sin \varphi$ $\sin x$	0,00	0,50	0,70	0,86	1,00

$\varphi \triangleq x$	$120° \triangleq \frac{2\pi}{3}$	$135° \triangleq \frac{3\pi}{4}$	$150° \triangleq \frac{5\pi}{6}$	$180° \triangleq \pi$
$\sin \varphi$ $\sin x$	______	______	______	______

$\varphi \triangleq x$	$210° \triangleq \frac{7\pi}{6}$	$225° \triangleq \frac{5\pi}{4}$	$240° \triangleq \frac{4\pi}{3}$	$270° \triangleq \frac{3\pi}{2}$
$\sin \varphi$ $\sin x$	______	______	______	______

$\varphi \triangleq x$	$300° \triangleq \frac{5\pi}{3}$	$315° \triangleq \frac{7\pi}{4}$	$330° \triangleq \frac{11\pi}{6}$	$360° \triangleq 2\pi$
$\sin \varphi$ $\sin x$	______	______	______	______

Mit Hilfe dieser Wertetabelle können wir den zugehörigen Graphen zeichnen und daraus weitere Eigenschaften der Sinusfunktion ablesen.

➧ Zeichne die zur Wertetabelle gehörenden Punkte in das Koordinatensystem von Figur 37a und verbinde sie gleichmäßig miteinander.

Graph der Sinusfunktion Amplitude, Periode

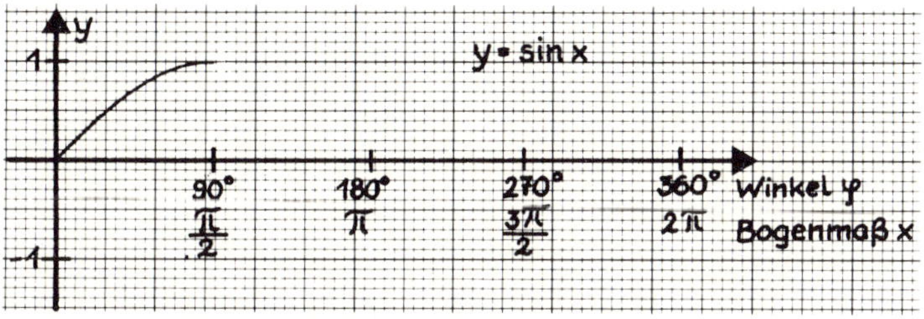

Figur 37a

- Wenn wir auch negative Winkel und Winkel, die größer sind als 360° zulassen, und die Winkel jeweils durch ihr Bogenmaß ausdrücken, hat die Sinusfunktion y = sin x den Definitionsbereich $\mathbb{D} = \mathbb{R}$ (vergl. Figur 37b).

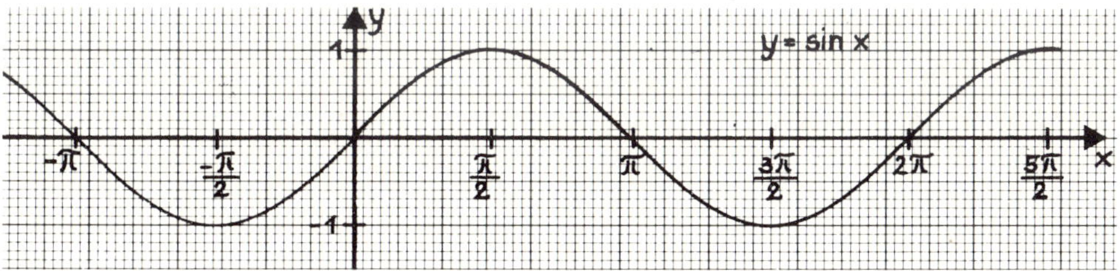

Figur 37b

Eigenschaften und Definitionen

- Für die Wertemenge $\mathbb{W}$ der Sinusfunktion y = sin x mit $\mathbb{D} = \mathbb{R}$ gilt:

  $\mathbb{W} = \{y \mid \_\_\_ \leqq y \leqq \_\_\_\}$

- Der maximale y-Wert gibt die sogenannte **Amplitude** des Graphen der Sinusfunktion an.
- Nach der Strecke ______ auf der x-Achse wiederholt sich jeweils der Graph der Sinusfunktion; diese Eigenschaft der regelmäßigen Wiederholung nennt man **Periodizität.**
- Die **Periode** der Sinusfunktion beträgt 2π.
- Der Graph der Sinusfunktion ist *achsensymmetrisch zur y-Achse/ punktsymmetrisch zum Ursprung.*
- Die Symmetrie des Graphen der Sinusfunktion läßt sich als Gleichung

formulieren. Nur eine der folgenden Gleichungen ist richtig – streiche die falsche durch:

$\sin(-\varphi) = -\sin\varphi$ bzw.

$\sin(-\varphi) = +\sin\varphi$

Hinweis: Überprüfe an einem einfachen Beispiel:

$\sin(-30°) =$ ______

$\sin 30° \quad =$ ______

- Die Sinusfunktion hat die **Nullstellen** *)
  $n \cdot \pi$, mit $n \in \mathbb{Z}$.
  (ausführlich: $0; \pm\pi; \pm 2\pi; \pm 3\pi \ldots$)
- Die Sinusfunktion hat die **Hochpunkte** **)
  $(\frac{\pi}{2} + 2n \cdot \pi | 1)$, mit $n \in \mathbb{Z}$.
  (die x-Koordinaten in der ausführlichen Schreibweise:
  $\frac{\pi}{2}; \frac{5\pi}{2}; \frac{9\pi}{2}; \frac{13\pi}{2}; \ldots; -\frac{3\pi}{2}; -\frac{7\pi}{2}; -\frac{11\pi}{2}; \ldots$)
- Die Sinusfunktion hat die **Tiefpunkte** ***)
  $(\frac{3\pi}{2} + 2n \cdot \pi | -1)$, mit $n \in \mathbb{Z}$.
  (die x-Koordinaten in der ausführlichen Schreibweise:
  $\frac{3\pi}{2}; \frac{7\pi}{2}; \frac{11\pi}{2}; \ldots; -\frac{\pi}{2}; -\frac{5\pi}{2}; -\frac{9\pi}{2}; \ldots$)

Graph der Kosinusfunktion

Aufgaben

(23)

a) Ergänze mit Hilfe der Überlegungen von Seite 37 und der Tabelle von Seite 18/19 die folgende Wertetabelle:

*) Schnittpunkte eines Graphen mit der x-Achse

**) lat. Maxima

***) lat. Minima

Graph der Kosinusfunktion

$\varphi \mathrel{\hat{=}} x$	$0° \mathrel{\hat{=}} 0$	$30° \mathrel{\hat{=}} \frac{\pi}{6}$	$45° \mathrel{\hat{=}} \frac{\pi}{4}$	$60° \mathrel{\hat{=}} \frac{\pi}{3}$	$90° \mathrel{\hat{=}} \frac{\pi}{2}$
$\cos\varphi$ $\cos x$	1,00	0,86	0,70	0,50	0,00

$\varphi \mathrel{\hat{=}} x$	$120° \mathrel{\hat{=}} \frac{2\pi}{3}$	$135° \mathrel{\hat{=}} \frac{3\pi}{4}$	$150° \mathrel{\hat{=}} \frac{5\pi}{6}$	$180° \mathrel{\hat{=}} \pi$
$\cos\varphi$ $\cos x$	______	______	______	______

$\varphi \mathrel{\hat{=}} x$	$210° \mathrel{\hat{=}} \frac{7\pi}{6}$	$225° \mathrel{\hat{=}} \frac{5\pi}{4}$	$240° \mathrel{\hat{=}} \frac{4\pi}{3}$	$270° \mathrel{\hat{=}} \frac{3\pi}{2}$
$\cos\varphi$ $\cos x$	______	______	______	______

$\varphi \mathrel{\hat{=}} x$	$300° \mathrel{\hat{=}} \frac{5\pi}{3}$	$315° \mathrel{\hat{=}} \frac{7\pi}{4}$	$330° \mathrel{\hat{=}} \frac{11\pi}{6}$	$360° \mathrel{\hat{=}} 2\pi$
$\cos\varphi$ $\cos x$	______	______	______	______

b) Trage die zugehörigen Punkte in das Koordinatensystem von Figur 38 ein verbinde die Punkte gleichmäßig und zeichne den Graphen über den gesamten Bereich der x-Achse.

c) Für die Wertemenge der Kosinusfunktion $y = \cos x$ mit $\mathbb{D} = \mathbb{R}$ gilt:

$\mathbb{W} = \{y \mid \_\_\_ \leqq y \leqq \_\_\_\}$

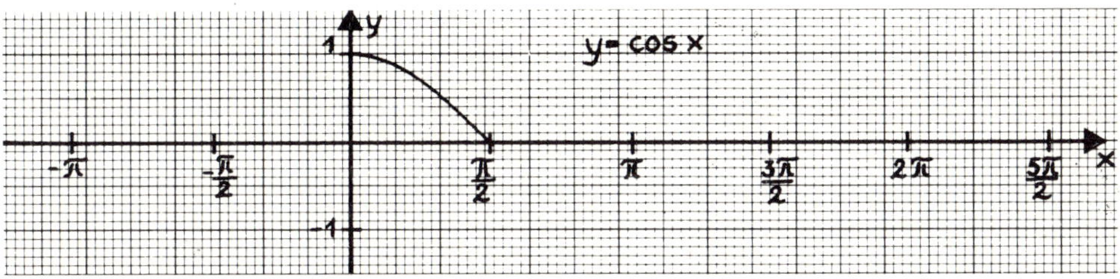

Figur 38

Winkelfunktionen
Komplementbeziehung

d) Nach der Strecke ______ auf der x-Achse wiederholt sich jeweils der Graph der Kosinusfunktion; ihre Periode beträgt ______.

e) Der Graph der Kosinusfunktion ist *achsensymmetrisch zur y-Achse/ punktsymmetrisch zum Ursprung*.

f) Die Symmetrie des Graphen der Kosinusfunktion läßt sich als Gleichung formulieren. Nur eine der folgenden Gleichungen ist richtig – streiche die falsche durch:

$\cos(-\varphi) = -\cos\varphi$ bzw.

$\cos(-\varphi) = +\cos\varphi$

z. B.: $\cos(-30°) =$ ______ und

$\cos 30° =$ ______

g) Die Kosinusfunktion hat die Nullstellen

$(2n+1) \cdot$ ___, $n \in \mathbb{Z}$

(ausführlich: $\pm\frac{\pi}{2}$; $\pm\frac{3\pi}{2}$; $\pm\frac{5\pi}{2}$; ...).

h) Die Kosinusfunktion hat die Hochpunkte $(2n \cdot$ ___ $|1)$, $n \in \mathbb{Z}$
(x-Koordinaten ausführlich: 0; $\pm 2\pi$; $\pm 4\pi$; $\pm 6\pi$; ...).

i) Die Kosinusfunktion hat die Tiefpunkte $((2n+1) \cdot$ ___ $|-1)$, $n \in \mathbb{Z}$
(x-Koordinaten ausführlich: $\pm\pi$; $\pm 3\pi$; $\pm 5\pi$; ...).

Der Zusammenhang zwischen den Sinus- und Kosinuswerten, den du für rechtwinklige Dreiecke schon auf Seite 10 festgestellt hast (Komplementbeziehungen), läßt sich für die Funktionen so formulieren:

- Wenn man den Graphen der Sinusfunktion (vergl. Figur 37b und Figur 38) parallel zur x-Achse um ______ nach „links" verschiebt, ergibt sich der Graph der Kosinusfunktion.

Mache dir die Formelschreibweise dieses Zusammenhangs an einfachen Beispielen klar:

- $$\sin\left(x + \frac{\pi}{2}\right) = \cos x$$

$\sin(30° + 90°) = \sin 120° =$ ______

$\cos 30° =$ ______

- $$\sin\left(\frac{\pi}{2} - x\right) = \cos x$$

$\sin(90° - 30°) = \sin 60° =$ ______

$\cos 30° =$ ______

Graph der Tangensfunktion

Graph der Tangensfunktion

Aufgabe

(24) a) Ergänze mit Hilfe der Überlegungen von Seite 38 und der Tabelle von Seite 18/19 die folgende Wertetabelle:

$\varphi \mathrel{\hat{=}} x$	$0° \mathrel{\hat{=}} 0$	$30° \mathrel{\hat{=}} \frac{\pi}{6}$	$45° \mathrel{\hat{=}} \frac{\pi}{4}$	$60° \mathrel{\hat{=}} \frac{\pi}{3}$	$70° \mathrel{\hat{=}} 1{,}22$	$90° \mathrel{\hat{=}} \frac{\pi}{2}$
$\tan\varphi$ $\tan x$	0,00	0,57	1,00	1,73	2,74	nicht def.

$\varphi \mathrel{\hat{=}} x$	$110° \mathrel{\hat{=}} 1{,}92$	$120° \mathrel{\hat{=}} \frac{2\pi}{3}$	$135° \mathrel{\hat{=}} \frac{3\pi}{4}$	$150° \mathrel{\hat{=}} \frac{5\pi}{6}$	$180° \mathrel{\hat{=}} \pi$
$\tan\varphi$ $\tan x$	______	______	______	______	______

$\varphi \mathrel{\hat{=}} x$	$210° \mathrel{\hat{=}} \frac{7\pi}{6}$	$225° \mathrel{\hat{=}} \frac{5\pi}{4}$	$240° \mathrel{\hat{=}} \frac{4\pi}{3}$	$250° \mathrel{\hat{=}} 4{,}36$	$270° \mathrel{\hat{=}} \frac{3\pi}{2}$
$\tan\varphi$ $\tan x$	______	______	______	______	______

$\varphi \mathrel{\hat{=}} x$	$290° \mathrel{\hat{=}} 5{,}06$	$300° \mathrel{\hat{=}} \frac{5\pi}{3}$	$315° \mathrel{\hat{=}} \frac{7\pi}{4}$	$330° \mathrel{\hat{=}} \frac{11\pi}{6}$	$360° \mathrel{\hat{=}} 2\pi$
$\tan\varphi$ $\tan x$	______	______	______	______	______

b) Trage die zugehörigen Punkte in das Koordinatensystem von Figur 39 ein, und zeichne – soweit möglich – den Graphen über den gesamten Bereich der x-Achse.

d) Nach der Strecke ______ auf der x-Achse wiederholt sich jeweils der Graph der Tangensfunktion; ihre Periode beträgt ______.

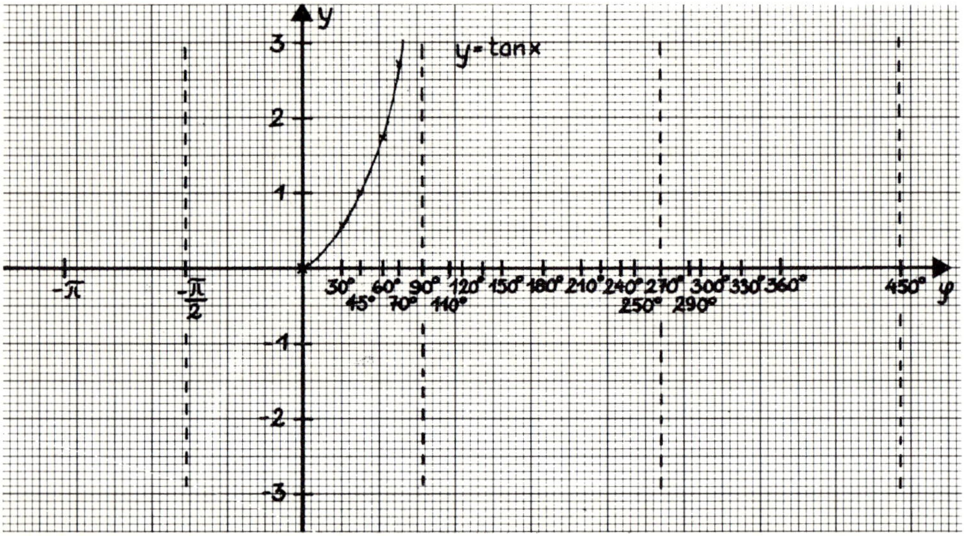

Figur 39

c) Für die Wertemenge der Tangensfunktion y = tan x mit

$$\mathbb{D} = \left\{ x \,\middle|\, x \neq (2n+1) \cdot \frac{\pi}{2} \right\} \text{*) gilt:}$$

$\mathbb{W}$ = ______

e) Der Graph der Tangensfunktion ist *achsensymmetrisch zur y-Achse / punktsymmetrisch zum Ursprung.*

f) Die Symmetrie des Graphen der Tangensfunktion läßt sich als Gleichung formulieren. Nur eine der folgenden Gleichungen ist richtig; streiche die falsche durch:

$\tan(-x) = -\tan x$ bzw.

$\tan(-x) = +\tan x$

z. B.: $\tan(-30°)$ = ______ und

$\tan 30°$ = ______

*) da $\tan\varphi = \dfrac{\sin\varphi}{\cos\varphi}$, sind die Nullstellen der Kosinusfunktion gleichzeitig die Definitionslücken der Tangensfunktion.

Amplitude

g) Der Graph der Tangensfunktion hat die Nullstellen $n \cdot$ ___, $n \in \mathbb{Z}$.

h) Der Graph der Tangensfunktion hat ______ Hochpunkte.

i) Der Graph derTangensfunktion hat ______ Tiefpunkte.

Damit haben wir die Grundformen der drei Winkelfunktionen abgeschlossen. Am Beispiel der Sinusfunktion werden wir jetzt schrittweise den Graphen der **allgemeinen Sinusfunktion $y = a \cdot \sin(bx + c)$** mit den Parametern $a, b, c \in \mathbb{R}$ entwickeln. Unser Ziel ist es, den Einfluß der Parameter auf den Graphen – Veränderung der Periode bzw. Amplitude, Verschiebung etc. – bereits aus der Funktionsgleichung ablesen zu können.

1. Beispiel

Zeichne den Graphen der Funktion

$y = 2 \cdot \sin x$ im Bereich $0 \leqq x \leqq 2\pi$

(bzw. $y = 2 \cdot \sin \varphi$ im Bereich $0 \leqq \varphi \leqq 360°$)

In diesem Fall wird es leicht sein, die Wertetabelle aufzustellen, da der Faktor vor dem Sinusterm steht.

- Durch den Faktor 2 wird jeder Funktionswert ver______

Ergänze die Wertetabelle:

$\varphi \mathrel{\hat=} x$	$0° \mathrel{\hat=} 0$	$30° \mathrel{\hat=} \frac{\pi}{6}$	$45° \mathrel{\hat=} \frac{\pi}{4}$	$60° \mathrel{\hat=} \frac{\pi}{3}$	$90° \mathrel{\hat=} \frac{\pi}{2}$	$120° \mathrel{\hat=} \frac{2\pi}{3}$	$135° \mathrel{\hat=} \frac{3\pi}{4}$	$150° \mathrel{\hat=} \frac{5\pi}{6}$	$180° \mathrel{\hat=} \pi$
$\sin \varphi$ $\sin x$	0,00	0,50	0,70	0,86	1,00	0,86	______	______	______
$2 \cdot \sin \varphi$ $2 \cdot \sin x$	0,00	1,00	1,40	______	______	______	______	______	______

$\varphi \mathrel{\hat=} x$	$210° \mathrel{\hat=} \frac{7\pi}{6}$	$225° \mathrel{\hat=} \frac{5\pi}{4}$	$240° \mathrel{\hat=} \frac{4\pi}{3}$	$270° \mathrel{\hat=} \frac{3\pi}{2}$	$300° \mathrel{\hat=} \frac{5\pi}{3}$	$315° \mathrel{\hat=} \frac{7\pi}{4}$	$330° \mathrel{\hat=} \frac{11\pi}{6}$	$360° \mathrel{\hat=} 2\pi$
$\sin \varphi$ $\sin x$	–0,50	______	______	–1,00	______	______	______	______
$2 \cdot \sin \varphi$ $2 \cdot \sin x$	–1,00	______	______	______	______	______	______	______

Winkelfunktionen

➧ Zeichne die zugehörigen Punkte in das Koordinatensystem *) der Figur 40 und verbinde sie zum gesuchten Graphen.

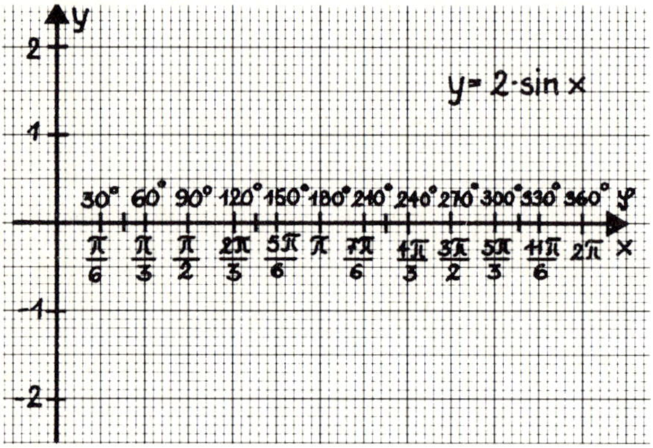

Figur 40

- Die Periode der Funktion $y = 2 \cdot \sin x$ beträgt ______.
- Die Amplitude der Funktion $y = 2 \cdot \sin x$ beträgt ___.

allgemein:

- Die Periode der Funktion $y = a \cdot \sin x$ beträgt ______.
- Die Amplitude der Funktion $y = a \cdot \sin x$ beträgt ___.

*) Auf der x-Achse wurde $\pi = 3$ gesetzt.

) Für $|a| > 1$ sagt man auch **Dehnung; für $|a| < 1$ sagt man auch **Stauchung** bzw. **Pressung.**

***) Wertetabelle nicht erforderlich; nur Hoch- und Tiefpunkte, sowie die Nullstellen sollen exakt sein.

Zusammenfassung

Der Graph der Funktion $y = a \cdot \sin x$ geht aus dem Graphen der Funktion $y = \sin x$ durch Streckung in y-Richtung mit dem Streckungsfaktor a hervor.

- Der Parameter a bewirkt eine **Streckung** **) in y-Richtung.

Aufgabe

(25) Zeichne in das Koordinatensystem der Figur 41 den qualitativen ***) Verlauf des Graphen der Funktion:

$y = -3 \cdot \sin x$, im Bereich $0 \leqq x \leqq 2\pi$

Periode

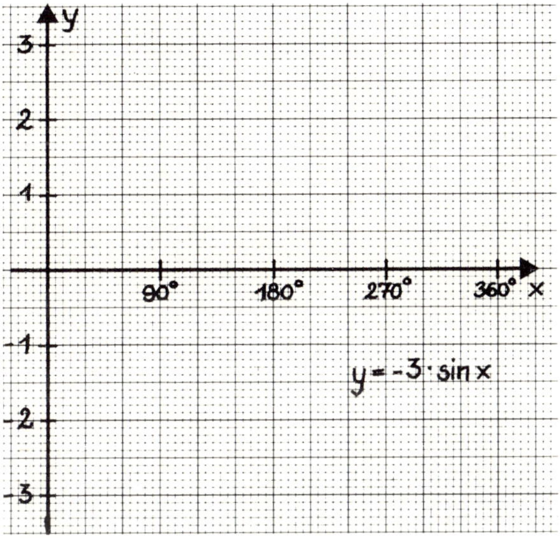

Figur 41

2. Beispiel

Zeichne den Graphen der Funktion
$y = \sin(2x)$ im Bereich $0° \leqq x \leqq 360°$

- Ergänze die Wertetabelle:

x	15°	22,5°	30°	45°	60°	67,5°	75°
2x	30°	45°					
sin (2x)	0,50						

x	90°	135°	180°	225°	270°	315°	360°
2x				450° ≙ 90°			720° ≙ 360°
sin (2x)				1			

Winkelfunktionen

➧ Zeichne die zugehörigen Punkte in das Koordinatensystem der Figur 42, erkenne die Gesetzmäßigkeiten und verbinde die Punkte zum gesuchten Graphen.

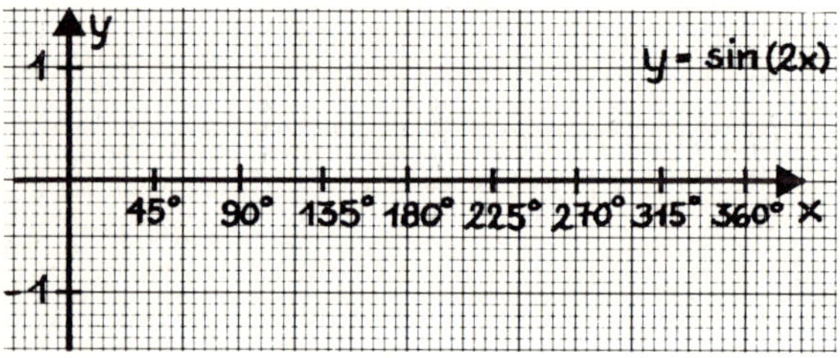

Figur 42

- Die Periode der Funktion y = sin (2x) beträgt ___ bzw. $\frac{2\pi}{2}$.
- Die Amplitude der Funktion y = sin (2x) beträgt ___.

allgemein

- Die Periode der Funktion y = sin (b · x) mit $b \in \mathbb{R}^+$ beträgt $\frac{2\pi}{b}$.
- Die Amplitude der Funktion y = sin (b · x) mit $b \in \mathbb{R}^+$ beträgt ___.

Zusammenfassung

Der Graph der Funktion y = sin (b · x) mit $b \in \mathbb{R}^+$ geht aus dem Graphen der Funktion y = sin x durch Streckung in x-Richtung mit dem Streckungsfaktor $\frac{1}{b}$ hervor. *)

- Der Parameter b bewirkt eine **Streckung** in x-Richtung; die Periode beträgt $\frac{2\pi}{b}$.

*) Für b > 1 sagt man auch **Dehnung**; für 0 < b < 1 sagt man auch **Stauchung** bzw. **Pressung**.

Verschiebung

Aufgabe

(26) Zeichne in das Koordinatensystem der Figur 43 den qualitativen Verlauf des Graphen der Funktion $y = \sin(\frac{1}{2} \cdot x)$ im Bereich $0 \leqq x \leqq 4\pi$.

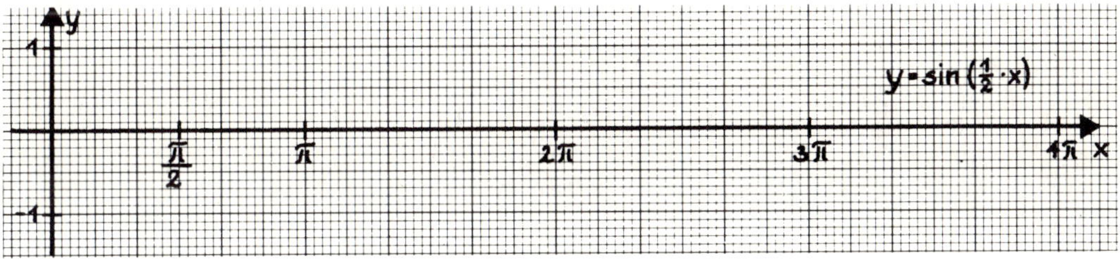

Figur 43

3. Beispiel

Zeichne den Graphen der Funktion $y = \sin(x + 60°)$ im Bereich $0 \leqq x \leqq 360°$. Auch in diesem Beispiel ist es einfacher, die Variable x im Gradmaß und nicht im Bogenmaß auszudrücken.

- Ergänze die Wertetabelle mit Hilfe der Tabelle von Seite 18/19:

x	0°	30°	45°	60°	90°	120°
x + 60°	60°	90°	105°	120°	____	____
sin (x + 60°)	____	____	____	____	____	____

x	135°	150°	210°	300°	360°
x + 60°	195°	____	____	____	____
sin (x + 60°)	____	____	____	____	____

Winkelfunktionen

➧ Zeichne die zugehörigen Punkte in das Koordinatensystem der Figur 44 und verbinde die Punkte zum gesuchten Graphen.

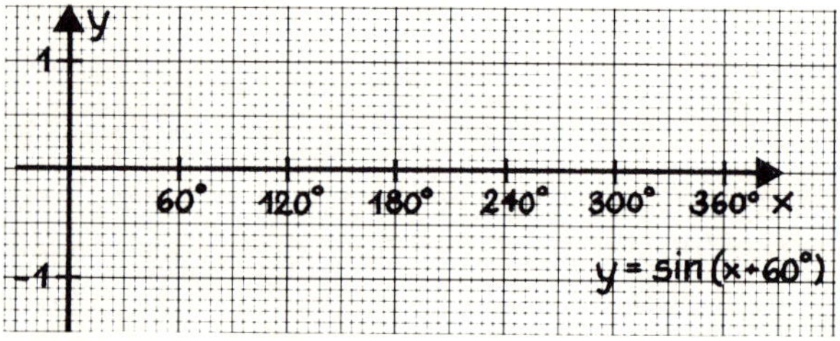

Figur 44

- Die Periode der Funktion

  $y = \sin(x + 60°)$ beträgt ______.
- Die Amplitude der Funktion

  $y = \sin(x + 60°)$ beträgt ___.

<u>allgemein:</u>

- Die Periode der Funktion

  $y = \sin(x + c)$ beträgt ______.
- Die Amplitude der Funktion

  $y = \sin(x + c)$ beträgt ___.

Zusammenfassung

Der Graph der Funktion $y = \sin(x + c)$ entsteht, wenn man den Graphen der Funktion $y = \sin x$ parallel zur x-Achse um das Bogenmaß des Winkels c verschiebt;
falls c positiv ist – Verschiebung nach „links";
falls c negativ ist – Verschiebung nach „rechts".

- Der Parameter c bewirkt eine **Verschiebung** um den Vektor $\vec{v} = \begin{pmatrix} -c \\ 0 \end{pmatrix}$ *).

Aufgabe

(27) Zeichne in das Koordinatensystem der Figur 45 den qualitativen Verlauf des Graphen der Funktion $y = \sin\left(x - \frac{\pi}{2}\right)$ im Bereich $0 \leqq x \leqq 2\pi$.

Figur 45

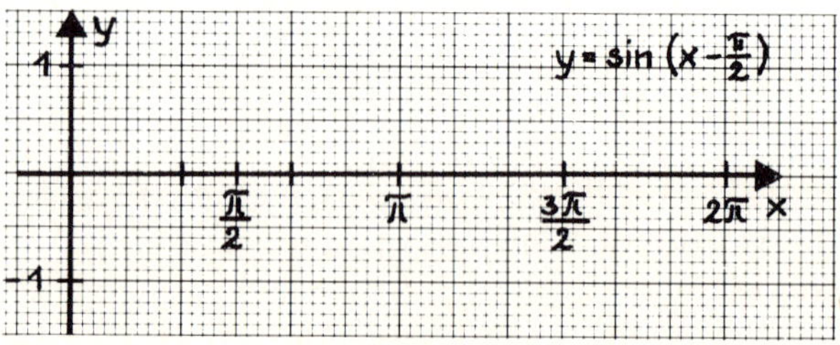

*) Vektorrechnung ab S. 71

allgemeine Sinusfunktion

Nachdem wir die Auswirkungen der drei Parameter a, b und c auf den Graphen der allgemeinen Sinusfunktion

$y = a \cdot \sin(b \cdot x + c)$

getrennt untersucht haben, folgt nun ein Beispiel mit drei Parametern in einer Funktionsgleichung.

4. Beispiel

Beschreibe und zeichne den Graphen der Funktion

$y = 3 \cdot \sin(2x + 120°)$ für $0° < x < 480°$.

a) Die Periode der Funktion beträgt

______.

b) Die Amplitude der Funktion beträgt ____.

c) Der Graph der Funktion entsteht aus dem Graphen der Sinusfunktion $y = \sin x$

- durch Streckung in y-Richtung mit dem Faktor ______
- durch Streckung in x-Richtung mit dem Faktor ______
- durch Verschiebung um das Bogenmaß des Winkels ______ nach *links/rechts*.

Nach den Erfahrungen, die du bisher gesammelt hast, reicht es, wenn du dir einige Markierungspunkte innerhalb der ersten Periode bestimmst, sowie die weiteren Nullstellen, um den Graphen zeichnen zu können.

d) Ergänze die Wertetabelle:

x	0°	30°	75°	120°	165°
2x + 120°	______	______	______	______	450° ≙ 90°
3 · sin (2x + 120°)	______	______	______	______	3

x	210°	300°	390°	480°
2x + 120°	540° ≙ 180°	______ ≙ ______	______ ≙ ______	______ ≙ ______
3 · sin (2x + 120°)	0	______	______	______

e) Trage die Punkte in das Koordinatensystem der Figur 46 ein und zeichne den gesuchten Graphen. *)

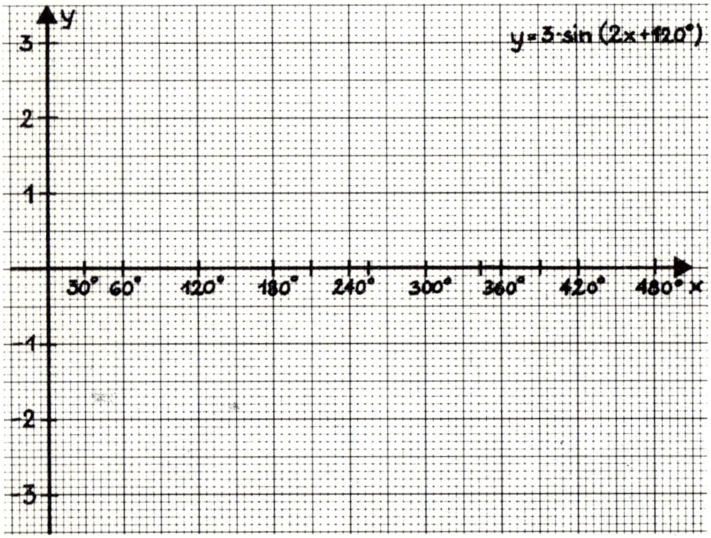

Figur 46

Aufgabe

(28) Bestimme – ohne den Graphen zu zeichnen – die Periode, Amplitude und Verschiebung der Funktion.

a) $y = \frac{2}{3} \cdot \sin\left(3x + \frac{5\pi}{4}\right)$

Periode: ______

Amplitude: ______

Verschiebung um ______ LE nach *links/rechts*.

b) $y = -\frac{1}{2} \cdot \sin\left(\frac{2}{3} \cdot x - \frac{\pi}{4}\right)$

Periode: ______

Amplitude: ______

Verschiebung um ______ LE nach *links/rechts*.

*) Beachte, daß zwischen den Nullstellen jeweils ein Extremum liegt; hier mit y = +3 bzw. y = −3!

Gleichungen

Gleichungen

Bisher haben wir in vorgegebene Funktionsgleichungen Werte für die Variable (x bzw. φ) eingesetzt und den jeweils zugehörigen Funktionswert bestimmt; nun sind der Funktionswert und die Funktionsgleichung vorgegeben und der zugehörige Wert der Variablen wird gesucht.

Beispiel

Bestimme die Winkel innerhalb der ersten Periode, die die Gleichung erfüllen:

$$\frac{1}{2} \cdot \sin(4\varphi - 130°) = 0{,}25$$

1. Schritt: Isoliere den Sinusterm

$$\frac{1}{2} \cdot \sin(4\varphi - 130°) = 0{,}25 \qquad | \cdot 2$$

$$\Rightarrow \quad \sin(4\varphi - 130°) = \_\_\_\_\_\_$$

2. Schritt: Bestimme die möglichen Werte für das Argument

$$\Rightarrow \begin{cases} 4\varphi - 130° = 30° \\ 4\varphi - 130° = \_\_\_\_\_\_ \end{cases} \qquad \vee \text{ oder}$$

3. Schritt: Löse auf

- $4\varphi_1 - 130° = 30° \qquad | + 130°$

$\Rightarrow \quad 4\varphi_1 = 160° \qquad | :4$

$\Rightarrow \quad \varphi_1 = \_\_\_\_\_\_$

$\vee$ oder

- $4\varphi_2 - 130° = \_\_\_\_\_\_ \qquad | + 130°$

$\Rightarrow \quad 4\varphi_2 = \_\_\_\_\_\_ \qquad | :4$

$\Rightarrow \quad \varphi_2 = \_\_\_\_\_\_$

Aufgaben

(29) Bestimme die Lösungen innerhalb der ersten Periode, die die Gleichung erfüllen.

a) $$3 \cdot \sin(\tfrac{1}{2}\varphi + 7°) = -1{,}8$$

1. Schritt:

$$\Rightarrow \quad \sin(\tfrac{1}{2}\varphi + 7°) = \_\_\_\_\_\_$$

2. Schritt:

$$\Rightarrow \begin{cases} \tfrac{1}{2}\varphi_1 + 7° = \_\_\_\_\_\_ \\ \tfrac{1}{2}\varphi_2 + 7° = \_\_\_\_\_\_ \end{cases}$$

3. Schritt: (Löse auf einem Beiblatt)

$\varphi_1 = \_\_\_\_\_\_$; $\varphi_2 = \_\_\_\_\_\_$

b) $$-\frac{1}{4} \cdot \cos\left(3x - \frac{3}{2}\pi\right) = 0{,}25$$

1. Schritt:

$$\Rightarrow \quad \cos\left(3x - \frac{3}{2}\pi\right) = \_\_\_\_\_\_$$

2. Schritt:

$$\Rightarrow \quad 3x - \frac{3}{2}\pi = \_\_\_\_\_\_$$

3. Schritt:

$x = \_\_\_\_\_\_$

Additionstheoreme

Schon in den ersten Beispielen für Winkelfunktionen hast du gesehen, daß man z. B. von $\sin 20° = 0{,}3420$ und $\sin 30° = 0{,}5000$ nicht auf den $\sin 50° = 0{,}7660$ schließen kann. Da der Zusammenhang zwischen Winkel und Sinuswert nicht proportional ist, ist $\sin 50°$ nicht gleich $\sin 20° + \sin 30°$!

Erst mit Hilfe der sogenannten Additionstheoreme läßt sich z. B. der Sinuswert für einen Summenwinkel $(\alpha + \beta)$ aus den Sinus- und Kosinuswerten der Einzelwinkel α und β bestimmen.

Additionstheorem I

$$\sin(\alpha + \beta) = \sin\alpha \cdot \cos\beta + \sin\beta \cdot \cos\alpha$$

Beweis *)

In Figur 47 erkennst du die Winkel α und β, sowie den Summenwinkel $\alpha + \beta$ am Einheitskreis, d.h. $\overline{OP_1} = \overline{OP_2} = 1$ LE.

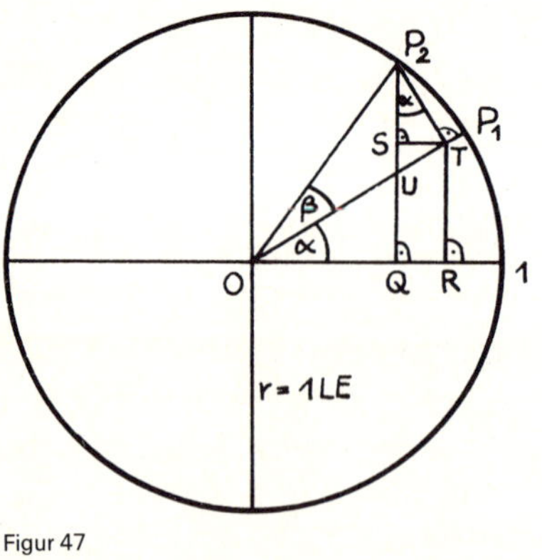

Figur 47

Bei P_2 tritt der Winkel α noch einmal auf; denn die beiden Dreiecke $\triangle OQU$ und $\triangle P_2TU$ haben bei ___ einen gemeinsamen Scheitelwinkel und bei Q bzw. T jeweils einen ________ Winkel.

Im $\triangle P_2TS$ gilt: $\cos\alpha = \dfrac{\overline{P_2S}}{\_\_\_\_}$

$\Rightarrow$ $\overline{P_2S} = \_\_\_\_ \cdot \cos\alpha$

Im $\triangle OTP_2$ gilt:

$$\sin\beta = \frac{\_\_\_\_}{\overline{OP_2}}$$

bzw., da $\overline{OP_2} = 1$

$\sin\beta = \_\_\_\_$

Aus den beiden schraffierten Formeln ergibt sich:

- $\overline{P_2S} = \sin\beta \cdot \cos\alpha$

Im $\triangle ORT$ gilt:

$$\sin\alpha = \frac{\overline{RT}}{\_\_\_\_}$$

$\Rightarrow$ $\overline{RT} = \_\_\_\_ \cdot \sin\alpha$

Im $\triangle OTP_2$ gilt: $\cos\beta = \_\_\_\_$ **)

*) auf den folgenden Seiten wird jedes Additionstheorem bewiesen; falls du nur die Anwendungen brauchst, kannst du auf Seite 63, bei den Beispielen weiterrechnen; die Zusammenfassung der Formeln findest du auf Seite 62.

**) Beachte wieder: $\overline{OP_2} = 1$

Winkelsumme Winkeldifferenz

Aus den beiden schraffierten Formeln ergibt sich:

- $\overline{RT} = \cos\beta \cdot \sin\alpha$

Im $\triangle OQP_2$ gilt:

$$\sin(\alpha + \beta) = \overline{QP_2} = {}^{*})$$

$$= \overline{QS} + \_\_\_\_\_\_ = {}^{**})$$

$$= \overline{RT} + \_\_\_\_\_\_ =$$

$$= \cos\beta \cdot \sin\alpha + \sin\beta \cdot \cos\alpha$$

Damit haben wir das Additionstheorem I bewiesen:

$$\sin(\alpha + \beta) = \sin\alpha \cdot \cos\beta + \sin\beta \cdot \cos\alpha$$

Additionstheorem II

$$\sin(\alpha - \beta) = \sin\alpha \cdot \cos\beta - \sin\beta \cdot \cos\alpha$$

Die Gültigkeit ergibt sich aus Theorem I und den Beziehungen von Seite 46:

$$\sin(-\alpha) = -\sin\alpha$$

und $\cos(-\alpha) = +\cos\alpha$

Beweis

$$\sin(\alpha - \beta) = \sin[\alpha + (-\beta)] =$$

$$\underset{\text{Add.th. I}}{=} \sin\alpha \cdot \cos(-\beta) + \sin(-\beta) \cdot \cos\alpha =$$

$$= \sin\alpha \cdot \cos\beta \_\_\_\_\_\_\_\_ \cdot \cos\alpha$$

Damit haben wir das Additionstheorem II bewiesen:

$$\sin(\alpha - \beta) = \sin\alpha \cdot \cos\beta - \sin\beta \cdot \cos\alpha$$

Additionstheorem III

$$\cos(\alpha + \beta) = \cos\alpha \cdot \cos\beta - \sin\alpha \cdot \sin\beta$$

Für den Beweis dieser Behauptung stützen wir uns wieder auf Figur 47.

Beweis

Im $\triangle ORT$ gilt:

$$\cos\alpha = \frac{\overline{OR}}{\_\_\_\_\_\_}$$

$$\Rightarrow \overline{OR} = \_\_\_\_\_\_ \cdot \cos\alpha$$

$${}^{***}) \Rightarrow \overline{OR} = \cos\beta \cdot \cos\alpha$$

Im $\triangle P_2TS$ gilt:

$$\sin\alpha = \frac{\overline{ST}}{\_\_\_\_\_\_}$$

$$\Rightarrow \overline{ST} = \_\_\_\_\_\_ \cdot \sin\alpha$$

$${}^{****}) \Rightarrow \overline{ST} = \sin\beta \cdot \sin\alpha$$

Im $\triangle OQP_2$ gilt:

$$\cos(\alpha + \beta) = \_\_\_\_\_\_ =$$

$$= \overline{OR} - \overline{QR} =$$

$${}^{*****}) = \overline{OR} - \overline{ST} =$$

$$= \cos\beta \cdot \cos\alpha - \sin\beta \cdot \sin\alpha$$

Damit haben wir das Additionstheorem III bewiesen:

$$\cos(\alpha + \beta) = \cos\alpha \cdot \cos\beta - \sin\alpha \cdot \sin\beta$$

---

*) Beachte wieder: $\overline{OP_2} = 1$

**) Im Rechteck QRTS gilt: $\overline{RT} = \overline{QS}$

***) Im $\triangle OTP_2$ gilt wieder: $\cos\beta = \overline{OT}$

****) Im $\triangle OTP_2$ gilt wieder: $\sin\beta = \overline{P_2T}$

*****) Im Rechteck QRST gilt: $\overline{ST} = \overline{QR}$

Additionstheoreme

Additionstheorem IV

$$\cos(\alpha - \beta) = \cos\alpha \cdot \cos\beta + \sin\alpha \cdot \sin\beta$$

Beweis

$$\cos(\alpha - \beta) = \cos[\alpha + (-\beta)] =$$
$$= \cos\alpha \cdot \cos(-\beta) - \sin\alpha \cdot \sin(-\beta) =$$
$$= \cos\alpha \cdot \cos\beta + \sin\alpha \cdot \sin\beta$$

Das Additionstheorem für den Tangens ergibt sich rein algebraisch aus den beiden Theoremen I und III.

Additionstheorem V

Wenn $\tan(\alpha + \beta)$ definiert ist, falls also $\cos(\alpha + \beta) \neq 0$ ist, gilt:

$$\tan(\alpha + \beta) = \frac{\tan\alpha + \tan\beta}{1 - \tan\alpha \cdot \tan\beta}$$

Beweis

Mit den beiden Theoremen I und III gilt:

$$\tan(\alpha + \beta) = \frac{\sin(\alpha + \beta)}{\cos(\alpha + \beta)} =$$
$$= \frac{\sin\alpha \cdot \cos\beta + \sin\beta \cdot \cos\alpha}{\cos\alpha \cdot \cos\beta - \sin\alpha \cdot \sin\beta} = {}^{*)}$$
$$= \frac{\dfrac{\sin\alpha \cdot \cos\beta}{\cos\alpha \cdot \cos\beta} + \dfrac{\sin\beta \cdot \cos\alpha}{\cos\alpha \cdot \cos\beta}}{\dfrac{\cos\alpha \cdot \cos\beta}{\cos\alpha \cdot \cos\beta} - \dfrac{\sin\alpha \cdot \sin\beta}{\cos\alpha \cdot \cos\beta}} = {}^{**)}$$
$$= \frac{\tan\alpha + \tan\beta}{1 - \tan\alpha \cdot \tan\beta}$$

Mit derselben *) Umformung läßt sich auch das letzte Theorem beweisen, falls $\tan(\alpha - \beta)$ definiert, falls also $\cos(\alpha - \beta) \neq 0$ ist.

Additionstheorem VI

$$\tan(\alpha - \beta) = \frac{\tan\alpha - \tan\beta}{1 + \tan\alpha \cdot \tan\beta}$$

Ähnlich, wie wir bei den Beweisen die spitzen Winkel der Figur 47 verwendet haben, lassen sich die Additionstheoreme I–VI auch für andere Winkel – ohne Einschränkung – beweisen. Für die Theoreme V und VI gelten lediglich die Einschränkungen $\cos(\alpha + \beta) \neq 0$ bzw. $\cos(\alpha - \beta) \neq 0$.

Zusammenstellung der Additionstheoreme

$\sin(\alpha + \beta)$	$= \sin\alpha \cdot \cos\beta + \cos\alpha \cdot \sin\beta$
$\sin(\alpha - \beta)$	$= \sin\alpha \cdot \cos\beta - \cos\alpha \cdot \sin\beta$
$\cos(\alpha + \beta)$	$= \cos\alpha \cdot \cos\beta - \sin\alpha \cdot \sin\beta$
$\cos(\alpha - \beta)$	$= \cos\alpha \cdot \cos\beta + \sin\alpha \cdot \sin\beta$
$\tan(\alpha + \beta)$	$= \dfrac{\tan\alpha + \tan\beta}{1 - \tan\alpha \cdot \tan\beta}$
$\tan(\alpha - \beta)$	$= \dfrac{\tan\alpha - \tan\beta}{1 + \tan\alpha \cdot \tan\beta}$

*) Zähler und Nenner werden durch den Term $\cos\alpha \cdot \cos\beta$ dividiert

**) Kürze innerhalb dieses Doppelbruches

Beispiele

Beispiele

Bestätige die Gültigkeit der Additionstheoreme.

1. Berechne mit $\sin 35° = 0{,}5736$; $\sin 20° = 0{,}3420$; $\cos 35° = 0{,}8192$ und $\cos 20° = 0{,}9397$ die gesuchten Funktionswerte und vergleiche die errechneten Werte mit der Tabelle von Seite 18/19.

a) $\sin 55° = \sin(35° + 20°) =$

$= \sin 35° \cdot \cos 20° + \cos \_\_\_ \cdot \sin \_\_\_ =$

$= 0{,}5736 \cdot \_\_\_\_\_\_ + 0{,}8192 \cdot \_\_\_\_\_\_ =$

$= \_\_\_\_\_\_$

(Tabellenwert: $\sin 55° = 0{,}8192$)

b) $\cos 15° = \cos(35° - 20°) =$

$= \cos 35° \cdot \cos 20° \_\_\_ \sin \_\_\_ \cdot \sin \_\_\_ =$

$= 0{,}8192 \cdot \_\_\_\_\_\_ \;\_\_\_\, 0{,}5736 \cdot \_\_\_\_\_\_ =$

$= \_\_\_\_\_\_$

(Tabellenwert: $\cos 15° = 0{,}9659$)

2. Berechne mit $\tan 120° = -1{,}7321$ und
$\tan 40° = 0{,}8391$

a) $\tan 160° = \tan(120° + 40°)$

$$= \frac{-1{,}7321 + \_\_\_\_\_\_}{1 - (\_\_\_\_\_\_) \cdot \_\_\_\_\_\_} =$$

$= \_\_\_\_\_\_$

(Tabellenwert: $\tan 160° =$

$= -\tan(180° - 160°) =$

$= -\tan 20° = -0{,}3640$)

b) $\tan 80° = \tan(\_\_\_ - \_\_\_) =$

$$= \frac{\_\_\_\_\_\_ - \_\_\_\_\_\_}{1 + (\_\_\_\_\_\_) \cdot \_\_\_\_\_\_} =$$

$= \_\_\_\_\_\_$

(Tabellenwert: $\tan 80° = 5{,}671$)

Wenn wir bei den Additionstheoremen für die Winkelsumme $\alpha + \beta$ die beiden Winkel α und β gleichsetzen, ergeben sich spezielle Formeln für die doppelten Winkel.

Additionstheoreme doppelter Winkel

Funktionen des doppelten Winkels

- Für $\alpha = \beta$ ergibt das Additionstheorem I

$\sin(\alpha + \alpha) = \sin(2\alpha) =$

$= \sin\alpha \cdot \cos\alpha + \sin\alpha : \cos\alpha$

kurz: $\boxed{\sin(2\alpha) = 2 \cdot \sin\alpha \cdot \cos\alpha}$

- Für $\alpha = \beta$ ergibt das Additionstheorem III

$\cos(\alpha + \alpha) = \cos(2\alpha)$

$= \cos\alpha \cdot \cos\alpha - \_\_\_\_\_\_$

kurz: $\cos(2\alpha) = \cos^2\alpha - \_\_\_\_\_\_$

mit der Formel von Seite 12:

$\sin^2\alpha + \cos^2\alpha = 1$ bzw.
$\sin^2\alpha = 1 - \cos^2\alpha$ bzw.
$\cos^2\alpha = 1 - \sin^2\alpha$

können wir auch schreiben

$\boxed{\cos(2\alpha) = \cos^2\alpha - \sin^2\alpha}$ bzw.

$\boxed{\cos(2\alpha) = 2 \cdot \cos^2\alpha - 1}$ bzw.

$\boxed{\cos(2\alpha) = 1 - 2\sin^2\alpha}$

- Für $\alpha = \beta$ ergibt das Additionstheorem V

$\tan(\alpha + \alpha) = \tan(2\alpha) =$

$= \dfrac{\tan\alpha + \_\_\_\_\_\_}{1 - \tan\alpha \cdot \_\_\_\_\_\_}$

kurz: $\boxed{\tan(2\alpha) = \dfrac{2 \cdot \tan\alpha}{1 - \tan^2\alpha}}$

Beispiele

Bestätige die Gültigkeit der Formeln für die doppelten Winkel.

1. Berechne mit $\sin 75° = 0{,}9659$ und $\cos 75° = 0{,}2588$

a) $\sin 150° = 2 \cdot \sin \_\_\_ \cdot \cos \_\_\_ =$

$= 2 \cdot 0{,}9659 \cdot \_\_\_\_\_\_ = \_\_\_\_\_\_$

(Tabellenwert: $\sin 150° = 0{,}5$)

b) $\cos 150° = 2 \cdot \cos^2 75° \_\_\_\_\_\_ =$

$= 2 \cdot (\_\_\_\_\_\_)^2 \_\_\_\_\_\_ = \_\_\_\_\_\_$

(Tabellenwert: $\cos 150° = -0{,}8660$)

2. Berechne mit $\tan 25° = 0{,}4663$

$\tan 50° = \dfrac{2 \cdot \tan \_\_\_}{1 - \tan^2 \_\_\_} =$

$= \dfrac{2 \cdot \_\_\_\_\_\_}{1 - (\_\_\_\_\_\_)^2} = \_\_\_\_\_\_$

(Tabellenwert: $\tan 50° = 1{,}1918$)

Goniometrische Gleichungen

Mit diesem Begriff faßt man alle Gleichungen zusammen, die mindestens eine Winkelfunktion enthalten (vergl. auch S. 59).

Alle Formeln, die für die Umformungen benötigt werden, sind hier noch einmal zusammengestellt und durchnummeriert:

I $\sin(\alpha + \beta) = \sin\alpha \cdot \cos\beta + \cos\alpha \cdot \sin\beta$

II $\sin(\alpha - \beta) = \sin\alpha \cdot \cos\beta - \cos\alpha \cdot \sin\beta$

III $\cos(\alpha + \beta) = \cos\alpha \cdot \cos\beta - \sin\alpha \cdot \sin\beta$

IV $\cos(\alpha - \beta) = \cos\alpha \cdot \cos\beta + \sin\alpha \cdot \sin\beta$

goniometrische Gleichungen

V $\tan(\alpha + \beta) = \dfrac{\tan\alpha + \tan\beta}{1 - \tan\alpha \cdot \tan\beta}$

VI $\tan(\alpha - \beta) = \dfrac{\tan\alpha - \tan\beta}{1 + \tan\alpha \cdot \tan\beta}$

VII $\sin(2\alpha) = 2 \cdot \sin\alpha \cdot \cos\alpha$

VIII $\cos(2\alpha) = \cos^2\alpha - \sin^2\alpha$

IX $\tan(2\alpha) = \dfrac{2 \cdot \tan\alpha}{1 - \tan^2\alpha}$

X $\sin^2\alpha + \cos^2\alpha = 1$

XI $\tan\alpha = \dfrac{\sin\alpha}{\cos\alpha}$

1. Beispiel

Bestimme die Winkel zwischen 0° und 360°, die die Gleichung erfüllen.

$$\frac{1}{2} \cdot \cos(60° + x) = \sin x$$

1. Schritt: Beseitigung der Winkelsumme

$$\frac{1}{2} \cdot \cos(60° + x) = \sin x \qquad | \cdot 2$$

$$\underset{III}{\Rightarrow} \cos 60° \cdot \cos x - \sin 60° \cdot \_\_\_\_\_\_ = 2 \cdot \sin x$$

2. Schritt: Reduzierung auf eine einzige Winkelfunktion; hier den Tangens.

$$\cos 60° \cdot \cos x - \sin 60° \cdot \_\_\_\_\_\_ = 2 \cdot \sin x \qquad | : \cos x \neq 0$$

$$\underset{XI}{\Rightarrow} \cos 60° \qquad - \sin 60° \cdot \tan x = 2 \cdot \tan x \qquad | + \sin 60° \cdot \tan x$$

3. Schritt: Auflösen nach der verbliebenen Winkelfunktion und der Unbekannten.

$$\Rightarrow \qquad \cos 60° = (2 + \_\_\_\_\_\_) \cdot \tan x \qquad | : (2 + \_\_\_\_\_\_) \neq 0$$

$$\Rightarrow \qquad \frac{\cos 60°}{2 + \_\_\_\_\_\_} = \tan x$$

$$\overset{\text{berechne}}{\Rightarrow} \qquad \_\_\_\_\_\_ = \tan x$$

*) $\Rightarrow x_3 =$ ___ und $x_4 =$ ___

Mache für x_1 die Probe:

linke Seite: $\frac{1}{2}\cos(60° +$ ___ $) =$ ______

rechte Seite: sin ___ = ______

*) Mit Hilfe deines Taschenrechners kannst du die Winkel auf 2 Stellen hinter dem Komma bestimmen.

Additionstheoreme

2. Beispiel

$$\cos(2\alpha) - \sin\alpha = \frac{1}{2}$$

1. Schritt: Beseitigung des doppelten Winkels.

$$\underset{\text{VIII}}{\Rightarrow} \quad \cos^2\alpha - \underline{\qquad\quad} - \sin\alpha = \frac{1}{2}$$

2. Schritt: Reduzierung auf eine einzige Winkelfunktion (ersetze $\cos^2\alpha$).

$$\underset{\text{X}}{\Rightarrow} \quad \underbrace{1 - \sin^2\alpha - \underline{\qquad\quad}} - \sin\alpha = \frac{1}{2} \qquad |$$

$$\Rightarrow - \underline{\quad} \cdot \sin^2\alpha - \sin\alpha + \underline{\qquad\quad} = 0$$

3. Schritt: Auflösen der quadratischen Gleichung nach $\sin\alpha$ und nach der Unbekannten mit

$$x_{1/2} = \frac{-b \pm \sqrt{b^2 - 4ac}}{2a}$$

$$\Rightarrow \quad \sin_{1/2}\alpha = \frac{1 \pm \sqrt{1 - 4 \cdot (-2) \cdot \underline{\quad}}}{\underline{\quad}}$$

$$\Rightarrow \quad \sin_1\alpha = \underline{\qquad\quad} \text{ und } \sin_2\alpha = \underline{\qquad\quad}$$

Diesmal ergeben sich vier Lösungen:

- $\sin_1\alpha = \underline{\qquad\quad} \Rightarrow \alpha_1 = \underline{\quad}$ und $\alpha_2 = \underline{\quad}$
- $\sin_2\alpha = \underline{\qquad\quad} \Rightarrow \alpha_3 = \underline{\quad}$ und $\alpha_4 = \underline{\quad}$

Mache noch für eine der Lösungen die Probe.

Aufgabe

(30) Bestimme die Winkel φ, mit $0 \leqq \varphi < 360°$, die die Gleichungen erfüllen.

a) $\sin(45° - \varphi) = 4 \cdot \cos\varphi$

1. Schritt: Beseitigung der Winkelsumme

$$\underset{\text{II}}{\Rightarrow} \sin\underline{\quad} \cdot \cos\underline{\quad} - \cos\underline{\quad} \cdot \sin\underline{\quad} = 4 \cdot \cos\underline{\quad}$$

2. Schritt: Reduzierung auf eine einzige Winkelfunktion (dividiere durch $\cos \varphi \neq 0$)

$\Rightarrow \sin \_\_\_ - \cos 45° \cdot \_\_\_\_\_ = 4$

3. Schritt: Löse – auf einem Beiblatt – die Gleichung auf nach $\tan \varphi$ und nach φ

$\tan \varphi = \_\_\_\_\_$

$\Rightarrow \varphi_1 = \_\_\_$ und $\varphi_2 = \_\_\_$

b) $2 \cdot \sin \varphi + \cos \varphi = 2$
(zwei Lösungen!)

c) $\cos (2\varphi) = \cos \varphi$
(drei Lösungen!)

d) $\sin (2\varphi) = \sin \varphi$
(vier Lösungen!)

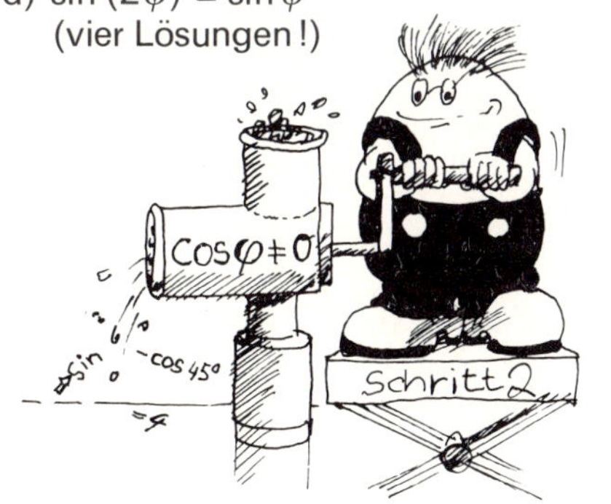

Schnittwinkel zwischen zwei Geraden

Die Problemstellung der Zwischenüberschrift kennst du bereits von Seite 41/42; jetzt bietet sich durch Anwendung der Formel für den Tangens des Differenzwinkels eine kürzere Lösung an.

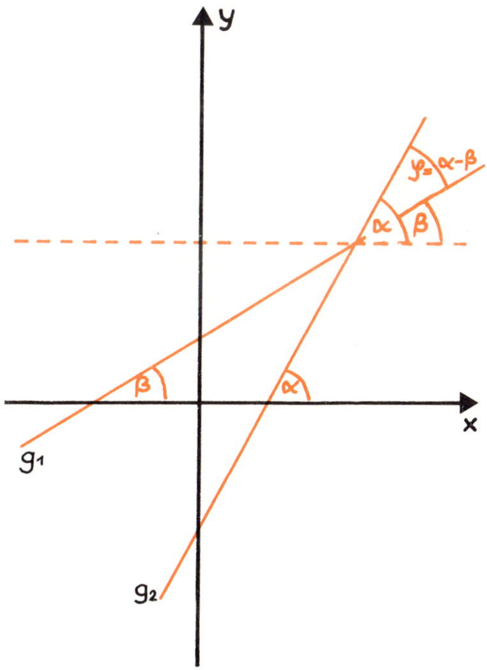

Figur 48

- Bestimme den Schnittwinkel φ zwischen den beiden Geraden g_1 und g_2, mit

g_1: $y = 0{,}6\,x + 3$ und

g_2: $y = 3 \cdot x - 5$

Additionstheoreme
Schnittwinkel

Mit Hilfe der Formel VI

$$\tan(\alpha - \beta) = \frac{\tan\alpha - \tan\beta}{1 + \tan\alpha \cdot \tan\beta}$$

können wir den Schnittwinkel $\varphi = \alpha - \beta$ leicht berechnen:

$$\tan\varphi = \frac{\tan\alpha - \tan\beta}{1 + \tan\alpha \cdot \tan\beta}$$

Mit $\tan\beta = 0{,}6$ sowie $\tan\alpha = 3$ gilt:

$$\tan\varphi = \frac{3 - \_\_\_}{1 + 3 \cdot \_\_\_} = \_\_\_\_\_\_$$

$\Rightarrow \quad \varphi = \_\_\_\_\_\_$

Beachte

Wenn du die Formel VI durch Betragstriche ergänzt,

$$\tan\varphi = \left| \frac{\tan\alpha - \tan\beta}{1 + \tan\alpha \cdot \tan\beta} \right|$$

bzw. $$\tan\varphi = \left| \frac{m_1 - m_2}{1 + m_1 \cdot m_2} \right|$$

erhältst du immer den spitzen Winkel zwischen den beiden Geraden.

Beachte

- Die Formel

  $$\tan\varphi = \left| \frac{m_1 - m_2}{1 + m_1 \cdot m_2} \right|$$

  ist nicht definiert, für den Fall $1 + m_1 \cdot m_2 = 0$.
  In diesem Fall stehen die beiden Geraden ____________ aufeinander, denn $\tan\varphi$ ist für $\varphi = \_\_\_°$ nicht definiert.

Mit $1 + m_1 \cdot m_2 = 0$ bzw.
$m_1 \cdot m_2 = -1$

können wir leicht feststellen, ob zwei Geraden senkrecht aufeinander stehen.

Beispiel

Zeige, daß die beiden Geraden

g_1: $y = -\frac{1}{3}x + 1$ und

g_2: $y = 3 \cdot x - 2$

sich rechtwinklig schneiden.

Mit $m_1 = -\frac{1}{3}$ und $m_2 = \_\_\_$

gilt: $m_1 \cdot m_2 = -\frac{1}{3} \cdot \_\_\_ = \_\_\_$

$\Rightarrow \tan\varphi$ ist nicht definiert

$\Rightarrow \quad \varphi = \_\_\_°$

Aufgabe

(31) Berechne den spitzen Winkel zwischen den beiden Geraden g_1 und g_2, mit

g_1: $y = -2x + 3$ und

g_2: $y = \frac{1}{3}x + 1$

Aufgabe

(32) Bestimme die Steigung m_2 der Geraden g_2 so, daß gilt $g_1 \perp g_2$.

g_1: $y = \frac{2}{3} \cdot x - 2$ und

g_2: $y = m_2 \cdot x + 5$

Abstand

Mit m_1 = ___ liefert die Gleichung

$$m_1 \cdot m_2 = -1$$

$$\Rightarrow \text{\_\_\_} \cdot m_2 = -1\,.$$

Löse auf: m_2 = ______

Hinweis: Alle Geraden aus der Geradenschar $y = -\frac{3}{2} \cdot x + b_2$ stehen senkrecht auf den Geraden der Schar $y = \frac{2}{3} \cdot x + b_1$.

Allgemein

Zur Geraden g: $y = a \cdot x + b$ verläuft für $a \neq 0$ jede Gerade mit der Steigung $-\frac{1}{a}$ senkrecht.

Abstand eines Punktes von einer Geraden

Erinnere dich

Als Abstand des Punktes P von der Geraden g bezeichnet man die Länge der Strecke $\overline{PF}$, wobei F der Fußpunkt des Lotes von P auf g ist (vergl. Figur 49).

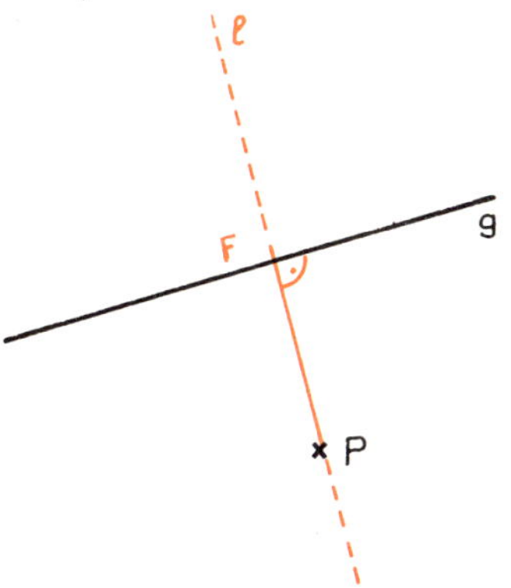

Figur 49

Beispiel

Berechne den Abstand des Punktes P (4|7) von der Geraden g:

$$y = -\frac{1}{2} \cdot x + 4\,.$$

Lösungsschritte

- Stelle die Gleichung der Lotgeraden l durch P zu g auf;
- bestimme den Schnittpunkt F der beiden Geraden l und g;
- berechne die Länge der Strecke $\overline{PF}$.

- Da die Lotgerade l ______________ auf der Geraden g steht, kennen wir die Steigung m der Lotgeraden:

  m = ___.
- Damit gilt für l:

  y = ___ $\cdot x + b$
- Um den y-Achsenabschnitt b zu berechnen *) setzen wir die Koordinaten des Punktes P in die Gleichung von l ein:

P (4|7) ∈ l ⇒ 7 = ___ · 4 + b | −8

⇒ b = ___

- Damit gilt für l: y = ___ $\cdot x - 1$
- Schnittpunkt F:

  g × l: $-\frac{1}{2} \cdot x + 4$ = ___ $\cdot x - 1$

  (Löse diese Gleichung auf einem Beiblatt)

  $\Rightarrow x_F$ = ___

*) vergl. ML 44 Seite 114 ff.

- Berechne die y-Koordinate von F und setze dazu die x-Koordinate von F in die Gleichung von g bzw. l ein.

  $F(2 \mid y_F) \in l$: $y_F = 2 \cdot 2 - 1 = \_\_\_$

  $\Rightarrow F(2 \mid \_\_\_)$

- Berechne $\overline{FP}$ mit $P(4 \mid 7)$ und $F(2 \mid \_\_\_)$

  $\overline{FP} = \sqrt{(4-2)^2 + (7 - \_\_\_)^2} =$

  $= \sqrt{\_\_\_ + \_\_\_} = \sqrt{\_\_\_} = \_\_\_\_\_$

- Der Abstand des Punktes P von der Geraden g beträgt _____ LE.

Aufgabe

(33) Berechne den Abstand des Punktes $P(3 \mid -2)$ von der Geraden g:

$y = \frac{3}{4} \cdot x + 2.$

Lösung

- Für die Steigung der Lotgeraden l gilt: $m = \_\_\_;$

  damit l: $y = \_\_\_ \cdot x + b$

- $P(3 \mid -2) \in l \Rightarrow$

  $\_\_\_ = \_\_\_ \cdot \_\_\_ + b$

  $\Rightarrow b = \_\_\_$

- Damit gilt für l: $y = \_\_\_ \cdot x \_\_\_$

- Schnittpunkt F:

  $g \times l$: $\frac{3}{4} \cdot x + 2 = \_\_\_ \cdot x \_\_\_$

  Berechne auf einem Beiblatt: $x_F = \_\_\_$

- $F(\_\_\_ \mid y_F) \in g$:

  $y_F = \frac{3}{4} \cdot \_\_\_ + 2 = \_\_\_$

  $\Rightarrow F(\_\_\_ \mid \_\_\_)$

- $\overline{PF} = \sqrt{(\_\_\_\_\_\_)^2 + (\_\_\_\_\_\_)^2} =$

  $= \_\_\_\_\_$

- Der Abstand des Punktes P von der Geraden g beträgt _____ LE.

Vektorrechnung

Das Stoffgebiet der Vektorrechnung kannst du bis zum Begriff des „Skalarproduktes" unabhängig von der Kenntnis der Winkelfunktionen durcharbeiten.
Der Beginn wird dir besonders dann leicht fallen, wenn du den Begriff des „Vektors" bereits in der 7. oder 8. Klasse kennengelernt hast (vergl. ML 37 Seite 78 ff). Nimm in diesem Fall die Definition und die Addition von Vektoren als Wiederholung.
Von Seite 92 an – Vervielfachung von Vektoren – beginnt dann für dich der neue Stoff. Wir betrachten in diesem Kapitel ausschließlich geometrische Vektoren bzw. Pfeile in der Ebene.

Bei der Einführung des Vektorbegriffes stützen wir uns auf die Konguenzabbildung der **Verschiebung** *).

Erinnere dich

Bei einer Verschiebung wird jeder Punkt der Ebene mit Hilfe eines Verschiebungspfeiles in seinen Bildpunkt verschoben. Dabei genügt die Angabe eines Punktepaares, aus Punkt und Bildpunkt, um die Abbildung festzulegen.

1. Beispiel

Trage in die Figur 50 den Bildpunkt B′ ein, mit $B \xmapsto{\overrightarrow{AA'}} B'$.

*) Die Verschiebung hatte sich aus der Doppelspiegelung an zwei parallelen Achsen ergeben; vergl. ML 37 S. 77 ff

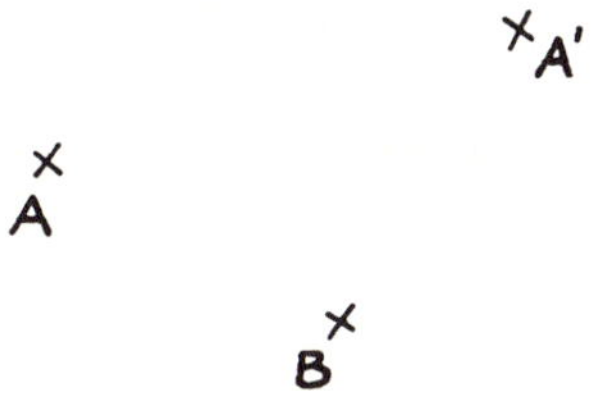

Figur 50

Hinweise

- Zeichne – mit Farbe – den Verschiebungspfeil $\overrightarrow{AA'}$, mit der Pfeilspitze in A′.
- Zeichne den Verschiebungspfeil $\overrightarrow{BB'}$ mit:

- $\overrightarrow{AA'}$ und $\overrightarrow{BB'}$ verlaufen ____________ zueinander;
- $\overrightarrow{AA'}$ und $\overrightarrow{BB'}$ sind ______ lang;
- $\overrightarrow{AA'}$ und $\overrightarrow{BB'}$ sind *gleich/entgegengesetzt* orientiert *).

Definitionen

Alle Pfeile, die parallel, gleichlang und gleich orientiert sind, bilden eine sogenannte **Pfeilklasse**, bzw. einen **Vektor.** Vektoren bzw. ihre gezeichneten Vertreter **) werden mit kleinen Buchstaben mit darüberliegendem Pfeil $\vec{a}$, $\vec{b}$, $\vec{v}$ .... oder auch durch die Angabe von Anfangs- und Endpunkt $\overrightarrow{AA'}$, $\overrightarrow{BB'}$, $\overrightarrow{PQ}$ .... bezeichnet.
Zwei Vektoren sind gleich, $\vec{a} = \vec{b}$, wenn sie gleich lang, parallel und gleich orientiert sind.

*) gleich-orientiert bedeutet, daß die Pfeilspitzen in dieselbe Richtung weisen.

**) Das Fremdwort für Vertreter ist Repräsentant.

Vektorrechnung

2. Beispiel

Trage in die Figur 51 die Punkte B′, C′, D′ und Q ein, mit
$\overrightarrow{AA'} = \overrightarrow{BB'} = \overrightarrow{CC'} = \overrightarrow{DD'} = \overrightarrow{PQ}$
und zeichne diese Vektoren mit Farbe ein.

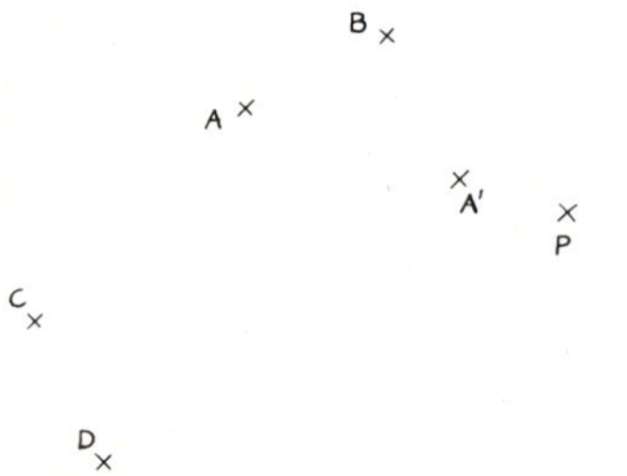

Figur 51

3. Beispiel

Zunächst wirst du dich vielleicht wundern, daß sich die Figur 52 des 3. Beispiels von der Figur 51 nur durch das unterlegte Koordinatensystem unterscheidet. Damit soll übergeleitet werden zur Möglichkeit, Vektoren im Koordinatensystem auch durch Zahlen auszudrücken.

a) Trage in die Figur 52 die Punkte B′, C′, D′ und Q ein, mit
$\overrightarrow{AA'} = \overrightarrow{BB'} = \overrightarrow{CC'} = \overrightarrow{PQ}$
und zeichne diese Vektoren mit Farbe ein.

Hinweis: Die gesuchten Punkte lassen sich auch durch „Auszählen der waagerechten und senkrechten Kästchen" des Vektors $\overrightarrow{AA'}$ finden.

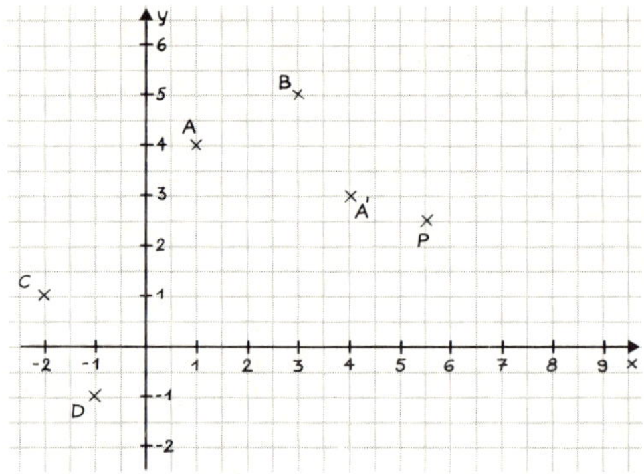

Figur 52

b) Lies die Koordinaten der Punkte ab und trage sie hier ein:

A (1 | 4); D (___ | ___);
A′ (___ | ___); D′ (___ | ___);
B (___ | ___); P (___ | ___);
B′ (___ | ___); Q (___ | ___).
C (___ | ___);
C′ (___ | ___);

c) Überlege, welche Koordinaten der Punkt S hat, wenn gilt:
$\overrightarrow{AA'} = \overrightarrow{RS}$ und R (12 | 7).

Für S gilt: S (___ | ___).

Ähnlich, wie sich die Lage eines Punktes im Koordinatensystem durch die Angabe seiner Koordinaten beschreiben läßt, können wir auch Vektoren durch Zahlen ausdrücken. Zur Unterscheidung von den Punktkoordinaten werden die Vektorkoordinaten untereinander geschrieben:
$\vec{v} = \begin{pmatrix} x \\ y \end{pmatrix}$.

Vektorkoordinaten

Dabei steht die x-Koordinate oben, die y-Koordinate steht unten.

Wie bei den Punktkoordinaten

- zählen die „Schritte nach rechts"
- sowie die „Schritte nach oben"

} jeweils *positiv/negativ;*

- zählen die „Schritte nach links"
- sowie die „Schritte nach unten"

} jeweils *positiv/negativ.*

Wenn wir den Vektor $\overrightarrow{AA'}$ der Figur 52 durch Zahlen ausdrücken wollen, dann müssen wir die „Schritte" zählen, die wir vom Anfangspunkt A zum Endpunkt A' „gehen"; zuerst in waagerechter Richtung, dann in senkrechter Richtung (jeweils in den Einheiten der x- und y-Achse).

$$\left.\begin{matrix} A\ (1|4) \\ A'\ (4|3) \end{matrix}\right\} \overrightarrow{AA'} = \begin{pmatrix} 3 \\ -1 \end{pmatrix}$$

An diesem Zahlenbeispiel kannst du erkennen, wie die Vektorkoordinaten aus den Punktkoordinaten von Anfangspunkt A und Endpunkt A' des Vektors $\overrightarrow{AA'}$ berechnet werden können:

$$\overrightarrow{AA'} = \left(\overset{A'}{\begin{pmatrix} 4 \\ 3 \end{pmatrix}} - \overset{A}{\begin{pmatrix} 1 \\ 4 \end{pmatrix}}\right) = \begin{pmatrix} 4-1 \\ 3-4 \end{pmatrix} = \begin{pmatrix} \_\_\_ \end{pmatrix}$$

<u>Regel</u>

Der Vektor $\overrightarrow{PQ}$ läßt sich aus den Koordinaten des Anfangspunktes P $(x_P|y_P)$ und des Endpunktes Q $(x_Q|y_Q)$ so berechnen:

$$\overrightarrow{PQ} = \begin{pmatrix} x_Q - x_P \\ y_Q - y_P \end{pmatrix}$$

(„Endpunkt minus Anfangspunkt")

Aufgabe

(34) a) Trage die Punkte A (1 | – 4), B (5 | 3), C (– 2 | 6) und D (– 4 | – 3) in das Koordinatensystem der Figur 53 ein.

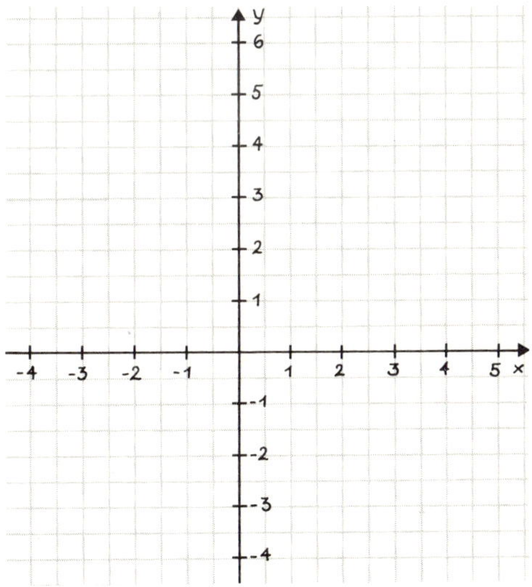

Figur 53

b) Zeichne die Vektoren $\overrightarrow{AB}$, $\overrightarrow{BC}$, $\overrightarrow{CD}$ und $\overrightarrow{DA}$ mit Farbe ein. (Achte darauf, daß die Pfeilspitze jeweils im Endpunkt liegt.)

Vektorrechnung
Ortsvektor

c) Lies die Koordinaten der Vektoren aus der Zeichnung ab:

$\overrightarrow{AB} = \begin{pmatrix} \_\_ \\ \_\_ \end{pmatrix}$; $\overrightarrow{BC} = \begin{pmatrix} \_\_ \\ \_\_ \end{pmatrix}$;

$\overrightarrow{CD} = \begin{pmatrix} \_\_ \\ \_\_ \end{pmatrix}$; $\overrightarrow{DA} = \begin{pmatrix} \_\_ \\ \_\_ \end{pmatrix}$.

d) Berechne die Vektoren nach obiger Regel und vergleiche diese rechnerischen Ergebnisse mit den abgelesenen Vektoren.

$\overrightarrow{AB} = \begin{pmatrix} 5 - 1 \\ 3 - (-4) \end{pmatrix} = \begin{pmatrix} \_\_ \\ \_\_ \end{pmatrix}$

$\overrightarrow{BC} = \begin{pmatrix} \_\_ - 5 \\ \_\_ - 3 \end{pmatrix} = \begin{pmatrix} \_\_ \\ \_\_ \end{pmatrix}$

$\overrightarrow{CD} = \begin{pmatrix} \_\_ - \_\_ \\ \_\_ - \_\_ \end{pmatrix} = \begin{pmatrix} \_\_ \\ \_\_ \end{pmatrix}$

$\overrightarrow{DA} = \begin{pmatrix} \_\_ \quad \_\_ \\ \_\_ \quad \_\_ \end{pmatrix} = \begin{pmatrix} \_\_ \\ \_\_ \end{pmatrix}$

e) Berechne die Koordinaten folgender Vektoren und versuche den Zusammenhang mit Teil d) zu verallgemeinern:

$\overrightarrow{BA} = \begin{pmatrix} 1 - 5 \\ -4 - 3 \end{pmatrix} = \begin{pmatrix} \_\_ \\ \_\_ \end{pmatrix}$

$\overrightarrow{CB} = \begin{pmatrix} \_\_ \quad \_\_ \\ \_\_ \quad \_\_ \end{pmatrix} = \begin{pmatrix} \_\_ \\ \_\_ \end{pmatrix}$

$\overrightarrow{DC} = \begin{pmatrix} \_\_ \quad \_\_ \\ \_\_ \quad \_\_ \end{pmatrix} = \begin{pmatrix} \_\_ \\ \_\_ \end{pmatrix}$

$\overrightarrow{AD} = \begin{pmatrix} \_\_ \quad \_\_ \\ \_\_ \quad \_\_ \end{pmatrix} = \begin{pmatrix} \_\_ \\ \_\_ \end{pmatrix}$

f) Überlege und berechne, welche Koordinaten folgende Vektoren haben:

$\overrightarrow{OA} = \begin{pmatrix} 1 - 0 \\ -4 - 0 \end{pmatrix} = \begin{pmatrix} \_\_ \\ \_\_ \end{pmatrix}$

$\overrightarrow{OB} = \begin{pmatrix} \_\_ - 0 \\ \_\_ - 0 \end{pmatrix} = \begin{pmatrix} \_\_ \\ \_\_ \end{pmatrix}$

$\overrightarrow{OC} = \begin{pmatrix} \_\_ \quad \_\_ \\ \_\_ \quad \_\_ \end{pmatrix} = \begin{pmatrix} \_\_ \\ \_\_ \end{pmatrix}$

$\overrightarrow{OD} = \begin{pmatrix} \_\_ \quad \_\_ \\ \_\_ \quad \_\_ \end{pmatrix} = \begin{pmatrix} \_\_ \\ \_\_ \end{pmatrix}$

$\overrightarrow{AA} = \begin{pmatrix} 1 - 1 \\ -4 - (-4) \end{pmatrix} = \begin{pmatrix} \_\_ \\ \_\_ \end{pmatrix}$

$\overrightarrow{BB} = \begin{pmatrix} \_\_ \quad \_\_ \\ \_\_ \quad \_\_ \end{pmatrix} = \begin{pmatrix} \_\_ \\ \_\_ \end{pmatrix}$

$\overrightarrow{CC} = \begin{pmatrix} \_\_ \\ \_\_ \end{pmatrix}$

$\overrightarrow{DD} = \begin{pmatrix} \_\_ \\ \_\_ \end{pmatrix}$

Definitionen

- Der Vektor $\overrightarrow{PQ}$ heißt **Gegenvektor** zum Vektor $\overrightarrow{QP}$ und umgekehrt.
- Mit $\overrightarrow{PQ} = \begin{pmatrix} v_x \\ v_y \end{pmatrix}$ gilt $\overrightarrow{QP} = \begin{pmatrix} -v_x \\ -v_y \end{pmatrix}$;
  für Gegenvektoren schreibt man auch
- $\overrightarrow{QP} = -\overrightarrow{PQ}$ bzw. $\overrightarrow{PQ} = -\overrightarrow{QP}$.
- Zu jedem Punkt P $(x_P|y_P)$ gehört der **Ortsvektor** $\overrightarrow{OP}$ mit $\overrightarrow{OP} = \begin{pmatrix} x_P \\ y_P \end{pmatrix}$.
- Der Vektor $\vec{o} = \begin{pmatrix} 0 \\ 0 \end{pmatrix}$ heißt **Nullvektor.**

Gegenvektor Nullvektor, Addition

Eigenschaften

Für zwei Gegenvektoren $\vec{v}$ und $-\vec{v}$ gilt:

- $\vec{v}$ und $-\vec{v}$ verlaufen ____________ zueinander;
- $\vec{v}$ und $-\vec{v}$ sind ______ lang;
- $\vec{v}$ und $-\vec{v}$ sind *gleich/entgegengesetzt* orientiert.
- $\vec{v}$ und $-\vec{v}$ haben sowohl bei der x-Koordinate, als auch bei der y-Koordinate *gleiche/verschiedene* Vorzeichen.

Für jeden Ortsvektor $\overrightarrow{OP} = \begin{pmatrix} x_P \\ y_P \end{pmatrix}$ gilt, daß der Punkt P die Vektorkoordinaten als Punktkoordinaten hat: P (___|___)

Für den Nullvektor $\vec{o}$ gilt:

- $\vec{o}$ hat die Länge ___ LE.
- $\vec{o}$ hat damit ______ Richtung.

Vektoraddition

In der Physik hast du wahrscheinlich bereits die Addition von Vektoren kennengelernt. Unter dem Stichwort „Kräfteparallelogramm" kannst du dich vielleicht noch an die zeichnerische Ermittlung des „resultierenden Kraftvektors" erinnern.

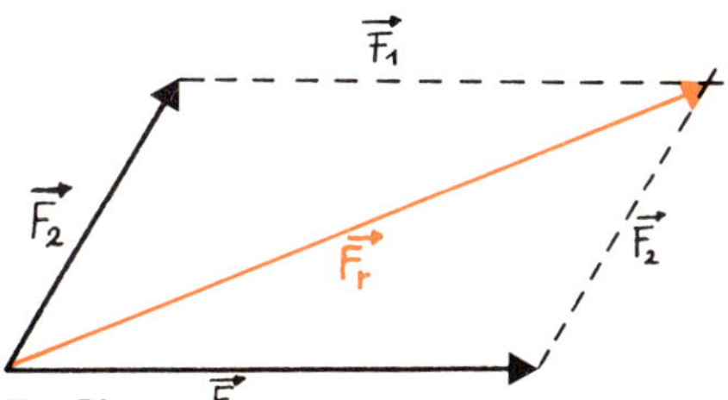

Figur 54

In Figur 54 ist die Addition zweier Kraftpfeile bzw. Kraftvektoren $\vec{F}_1$ und $\vec{F}_2$ dargestellt. Für die Summe gilt:

$$\vec{F}_1 + \vec{F}_2 = \vec{F}_r$$

Gegenvektoren $\vec{v}$ und $-\vec{v}$

Ortsvektor

0-Vektor

Vektorrechnung

Geometrische Addition

Zwei Pfeile bzw. zwei Vektoren werden geometrisch addiert, indem man an die Spitze des ersten Vektors den Anfangspunkt des zweiten Vektors ansetzt. Der Summenvektor ist dann der Vektor vom Anfangspunkt des ersten Vektors bis zur Spitze des angesetzten zweiten Vektors.

Die Vektoraddition läßt sich auch rechnerisch durchführen.

Beispiel

In Figur 55 sind die Punkte A und B im Koordinatensystem gezeichnet.

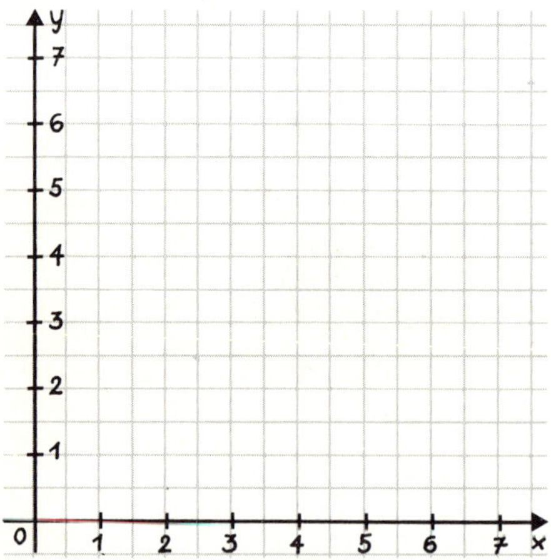

Figur 55

Lies die Koordinaten der Punkte und Vektoren ab und zeichne die Vektoren:

- A (___|___); $\overrightarrow{OA} = \begin{pmatrix} \_\_\_ \\ \_\_\_ \end{pmatrix}$

- B (___|___); $\overrightarrow{OB} = \begin{pmatrix} \_\_\_ \\ \_\_\_ \end{pmatrix}$

  $\overrightarrow{AB} = \begin{pmatrix} \_\_\_ \\ \_\_\_ \end{pmatrix}$

Nach der Regel für die geometrische Vektoraddition gilt:

- $\overrightarrow{OA} + \overrightarrow{AB} = \overrightarrow{\_\_\_\_}$

Die zugehörigen Koordinaten der Vektoren legen folgende rechnerische Vektoraddition nahe:

$$\overrightarrow{OA} + \overrightarrow{AB} =$$

$$= \begin{pmatrix} 4 \\ 1 \end{pmatrix} + \begin{pmatrix} \_\_\_ \\ \_\_\_ \end{pmatrix} =$$

$$= \begin{pmatrix} 4 + \_\_\_ \\ 1 + \_\_\_ \end{pmatrix} = \begin{pmatrix} \_\_\_ \\ \_\_\_ \end{pmatrix} = \overrightarrow{OB}$$

Definition

Rechnerisch werden zwei Vektoren $\vec{u} = \begin{pmatrix} u_x \\ u_y \end{pmatrix}$ und $\vec{v} = \begin{pmatrix} v_x \\ v_y \end{pmatrix}$ addiert, indem man die x-Koordinaten addiert und die y-Koordinaten addiert und wieder einen Vektor bildet:

$$\vec{u} + \vec{v} = \begin{pmatrix} u_x \\ u_y \end{pmatrix} + \begin{pmatrix} v_x \\ v_y \end{pmatrix} = \begin{pmatrix} u_x + v_x \\ u_y + v_y \end{pmatrix}$$

Vektoraddition

Aufgabe

(35) In Figur 56 erkennst du die Punkte P, Q und R.

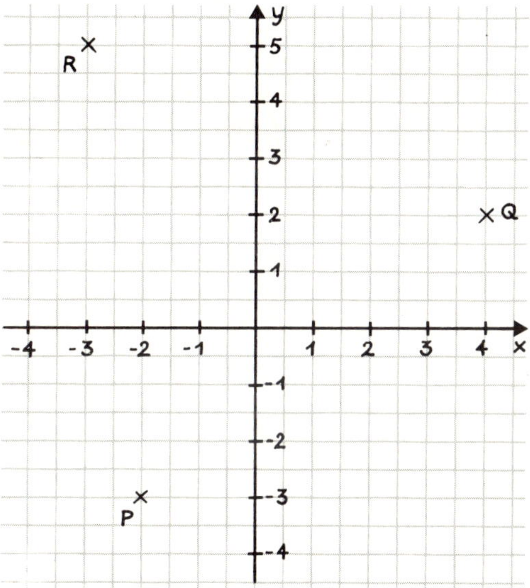

Figur 56

a) Lies die Koordinaten der Punkte ab:

P (___|___); Q (___|___); R (___|___).

b) Bestimme die Vektoren („Endpunkt minus Anfangspunkt"):

$\overrightarrow{PQ} = \begin{pmatrix} \underline{\quad} \\ \underline{\quad} \end{pmatrix}$; $\overrightarrow{QR} = \begin{pmatrix} \underline{\quad} \\ \underline{\quad} \end{pmatrix}$;

$\overrightarrow{PR} = \begin{pmatrix} \underline{\quad} \\ \underline{\quad} \end{pmatrix}$.

c) Zeichne in Figur 56 die Vektoren $\overrightarrow{PQ}$, $\overrightarrow{QR}$ und $\overrightarrow{PR}$ ein.

d) Überprüfe rechnerisch die geometrische Gleichung:

$$\overrightarrow{PQ} + \overrightarrow{QR} = \overrightarrow{PR}$$

$$\begin{pmatrix} \underline{\quad} \\ \underline{\quad} \end{pmatrix} + \begin{pmatrix} \underline{\quad} \\ \underline{\quad} \end{pmatrix} =$$

$$= \begin{pmatrix} \underline{\quad} + \underline{\quad} \\ \underline{\quad} + \underline{\quad} \end{pmatrix} = \begin{pmatrix} \underline{\quad} \\ \underline{\quad} \end{pmatrix} = \overrightarrow{PR}$$

Vektorrechnung
Vektorsubtraktion

Vektorsubtraktion

Definition

Die Subtraktion eines Vektors wird erklärt durch die Addition seines Gegenvektors *).

Mit $\vec{u} = \begin{pmatrix} u_x \\ u_y \end{pmatrix}$ und $\vec{v} = \begin{pmatrix} v_x \\ v_y \end{pmatrix}$

gilt: $\vec{u} - \vec{v} = \vec{u} + (-\vec{v})$

bzw. $\begin{pmatrix} u_x \\ u_y \end{pmatrix} - \begin{pmatrix} v_x \\ v_y \end{pmatrix} = \begin{pmatrix} u_x - v_x \\ u_y - v_y \end{pmatrix}$

In Figur 57 ist die Subtraktion zweier Vektoren dargestellt.

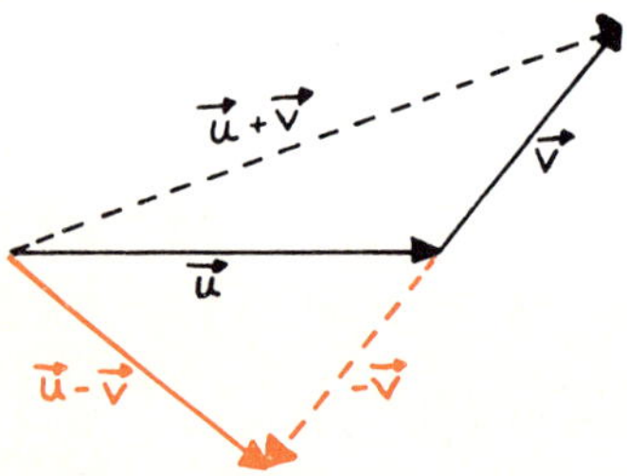

Figur 57

*) Beim Zahlenrechnen hast du einen entsprechenden Satz bereits in der 7. Klasse kennengelernt: Die Subtraktion einer Zahl kann ersetzt werden durch die Addition ihrer Gegenzahl.

Z. B. $5 - (+3) = 5 + (-3)$

oder auch $7 - (-4) = 7 + (+4)$.

Vergl. ML 35 S. 66

Beispiel

Zeichne in das Koordinatensystem der Figur 58 die Punkte A (–2|1), B (4|2) und C (6|7) ein.

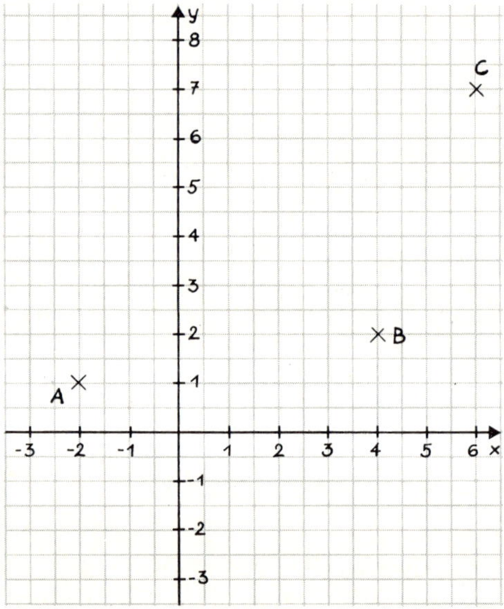

Figur 58

- Bestimme die Vektoren:

  $\overrightarrow{AB} = \begin{pmatrix} \\ \end{pmatrix}$ und $\overrightarrow{BC} = \begin{pmatrix} \\ \end{pmatrix}$

➧ Zeichne die Vektoren $\overrightarrow{AB}$ und $\overrightarrow{BC}$ ein.

➧ Zeichne den Punkt C′ ein, so daß gilt: $\overrightarrow{BC'} = -\overrightarrow{BC}$

- Da $\overrightarrow{BC'}$ der Gegenvektor zu $\overrightarrow{BC}$ ist, gilt:

  $\overrightarrow{BC'} = \begin{pmatrix} \\ \end{pmatrix}$

Vektorsubtraktion
Vektorkette

- Berechne den Differenzvektor auf zwei Arten:

$$\overrightarrow{AB} - \overrightarrow{BC} = \begin{pmatrix} \_\_ \\ \_\_ \end{pmatrix} - \begin{pmatrix} \_\_ \\ \_\_ \end{pmatrix} = \begin{pmatrix} \_\_ - \_\_ \\ \_\_ - \_\_ \end{pmatrix} = \begin{pmatrix} \_\_ \\ \_\_ \end{pmatrix}$$

aber auch:

$$\overrightarrow{AB} - \overrightarrow{BC} = \overrightarrow{AB} + (-\overrightarrow{BC}) = \overrightarrow{AB} + \overrightarrow{BC'} =$$

$$= \begin{pmatrix} \_\_ \\ \_\_ \end{pmatrix} + \begin{pmatrix} \_\_ \\ \_\_ \end{pmatrix} = \begin{pmatrix} \_\_ + \_\_ \\ \_\_ + \_\_ \end{pmatrix} = \begin{pmatrix} \_\_ \\ \_\_ \end{pmatrix}$$

➧ Zeichne den Vektor $\overrightarrow{AC'}$ ein, mit $\overrightarrow{AB} - \overrightarrow{BC} = \overrightarrow{AC'}$

- Überprüfe dein Ergebnis für den Vektor $\overrightarrow{BC'}$:

$$\overrightarrow{BC} + \overrightarrow{BC'} =$$

$$= \begin{pmatrix} \_\_ \\ \_\_ \end{pmatrix} + \begin{pmatrix} \_\_ \\ \_\_ \end{pmatrix} = \begin{pmatrix} \_\_ + \_\_ \\ \_\_ + \_\_ \end{pmatrix} = \begin{pmatrix} \_\_ \\ \_\_ \end{pmatrix}$$

- Da $\overrightarrow{BC}$ und $\overrightarrow{BC'}$ ______vektoren sind, muß ihre Summe den ______vektor ergeben.

Definition

Wenn man Vektoren so verkettet, daß die Spitze eines Vektors jeweils mit dem Anfangspunkt des nächsten Vektors zusammenfällt, so spricht man von einer **Vektorkette.**

Aufgabe

(36) Gegeben sind die Punkte A (−6|5), B (3|−1), C (2|4), D (−2|0) und E (−4|6).

a) Zeichne die Punkte in das Koordinatensystem der Figur 59 ein.

b) Zeichne die Vektoren ein: $\overrightarrow{AB}$, $\overrightarrow{BC}$, $\overrightarrow{CD}$ und $\overrightarrow{DE}$.

- Diese Vektoren bilden eine Vektorkette.

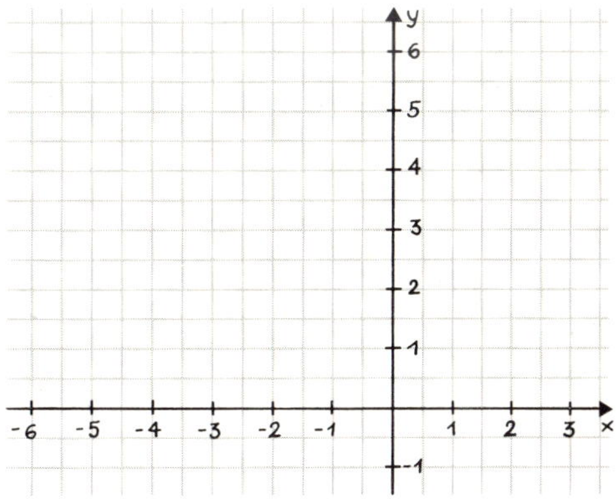

Figur 59

c) Bestimme die Koordinaten der Vektoren:

$$\overrightarrow{AB} = \begin{pmatrix} \_\_ \\ \_\_ \end{pmatrix}; \overrightarrow{BC} = \begin{pmatrix} \_\_ \\ \_\_ \end{pmatrix}; \overrightarrow{CD} = \begin{pmatrix} \_\_ \\ \_\_ \end{pmatrix};$$

$$\overrightarrow{DE} = \begin{pmatrix} \_\_ \\ \_\_ \end{pmatrix}.$$

d) Addiere die Vektoren:

$$\overrightarrow{AB} + \overrightarrow{BC} + \overrightarrow{CD} + \overrightarrow{DE} =$$

$$= \binom{\_\_}{\_\_} + \binom{\_\_}{\_\_} + \binom{\_\_}{\_\_} + \binom{\_\_}{\_\_} =$$

$$= \binom{\_\_ + \_\_ + \_\_ + \_\_}{\_\_ + \_\_ + \_\_ + \_\_} = \binom{\_\_}{\_\_}$$

e) Bestimme die Koordinaten des Vektors:

$$\overrightarrow{AE} = \binom{\_\_}{\_\_}$$

und vergleiche sie mit dem Ergebnis der Vektorkette bei d).

Folgerung

Wenn man die Vektoren einer Vektorkette addiert, so stimmt der Summenvektor überein mit dem Vektor, der den Anfangspunkt der Vektorkette mit ihrem Endpunkt verbindet *).

Definition

Falls bei einer Vektorkette die Pfeilspitze des letzten Vektors mit dem Anfangspunkt des ersten Vektors zusammenfällt (vergl. Figur 60), spricht man von einer **geschlossenen Vektorkette.**

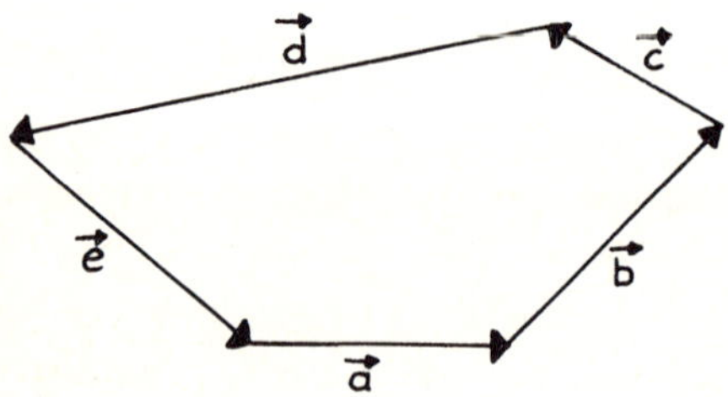

Figur 60

Aufgabe

(37) Gegeben sind die Punkte P (–4 | –1), Q (1 | –3), R (–2 | 2), S (2,5 | 4,5) und T (5 | 0).

a) Zeichne diese Punkte in das Koordinatensystem der Figur 61 ein.

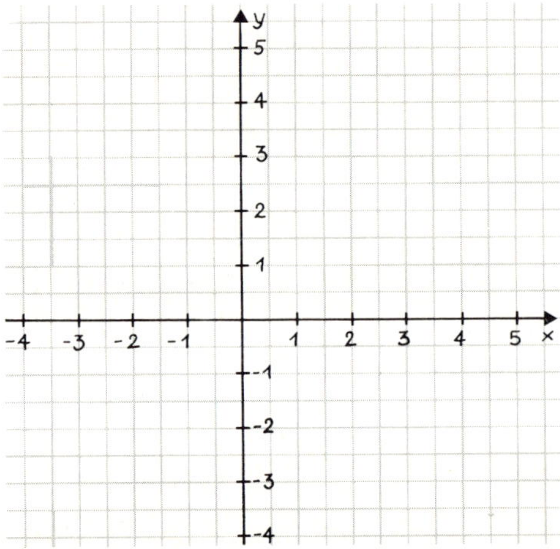

Figur 61

b) Zeichne die Vektoren ein: $\overrightarrow{PQ}$, $\overrightarrow{QR}$, $\overrightarrow{RS}$, $\overrightarrow{ST}$, $\overrightarrow{TP}$.
Diese Vektoren bilden eine Vektorkette.

*) Falls mehrere Kräfte an einem Körper angreifen, heißt dieser Summenvektor in der Physik auch resultierender Kraftvektor.

c) Bestimme die Koordinaten der Vektoren:

$\overrightarrow{PQ} = \begin{pmatrix} \quad \\ \quad \end{pmatrix}$; $\overrightarrow{QR} = \begin{pmatrix} \quad \\ \quad \end{pmatrix}$; $\overrightarrow{RS} = \begin{pmatrix} \quad \\ \quad \end{pmatrix}$;

$\overrightarrow{ST} = \begin{pmatrix} \quad \\ \quad \end{pmatrix}$; $\overrightarrow{TP} = \begin{pmatrix} \quad \\ \quad \end{pmatrix}$.

d) Addiere diese Vektoren:

$$\overrightarrow{PQ} + \overrightarrow{QR} + \overrightarrow{RS} + \overrightarrow{ST} + \overrightarrow{TP} =$$

$$= \begin{pmatrix} \quad \\ \quad \end{pmatrix} + \begin{pmatrix} \quad \\ \quad \end{pmatrix} + \begin{pmatrix} \quad \\ \quad \end{pmatrix} + \begin{pmatrix} \quad \\ \quad \end{pmatrix} + \begin{pmatrix} \quad \\ \quad \end{pmatrix} =$$

$$= \begin{pmatrix} \quad \quad \quad \quad \\ \quad \quad \quad \quad \end{pmatrix} = \begin{pmatrix} \quad \\ \quad \end{pmatrix}$$

Folgerung

Wenn man die Vektoren einer geschlossenen Vektorkette addiert, ergibt sich als Summenvektor immer der ______vektor.

Vervielfachung von Vektoren

Nach der Addition und Subtraktion von Vektoren geht es jetzt um die Multiplikation von Vektoren mit beliebigen Zahlen. Das folgende Beispiel dient als Hinführung zur Definition.

Beispiel

In Figur 62 ist der Vektor $\vec{a} = \overrightarrow{AA_1}$ gezeichnet.

➧ Zeichne die Punkte A_2 und A_3, sowie die Vektoren $\overrightarrow{A_1A_2}$ und $\overrightarrow{A_2A_3}$ ein, mit $\overrightarrow{AA_1} = \overrightarrow{A_1A_2} = \overrightarrow{A_2A_3}$.

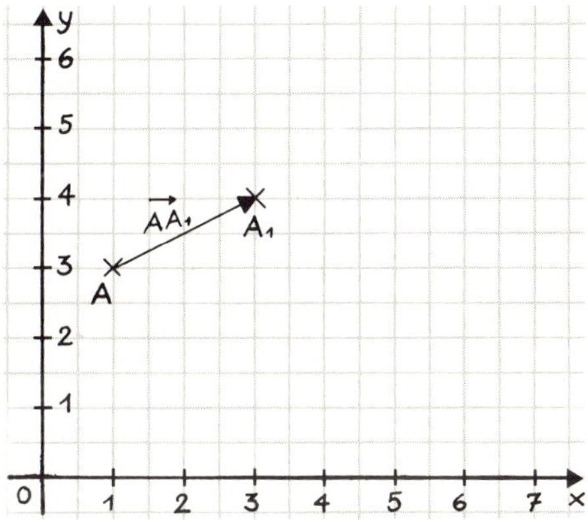

Figur 62

- Lies die Koordinaten ab und trage sie hier ein:

  A_2 (___|___); A_3 (___|___);

  $\overrightarrow{AA_1} = \overrightarrow{A_1A_2} = \overrightarrow{A_2A_3} = \begin{pmatrix} \quad \\ \quad \end{pmatrix}$;

  $\overrightarrow{AA_2} = \begin{pmatrix} \quad \\ \quad \end{pmatrix}$; $\overrightarrow{AA_3} = \begin{pmatrix} \quad \\ \quad \end{pmatrix}$.

- Bestimme rechnerisch *) die Koordinaten der Punkte A_4 und A_5 so, daß gilt $\overrightarrow{AA_1} = \overrightarrow{A_3A_4} = \overrightarrow{A_4A_5}$:

  A_4 (___|___) und A_5 (___|___).

- Für die Koordinaten der Vektoren gilt damit:

  $\overrightarrow{AA_4} = \begin{pmatrix} \quad \\ \quad \end{pmatrix}$; $\overrightarrow{AA_5} = \begin{pmatrix} \quad \\ \quad \end{pmatrix}$.

*) Falls es dir schwer fällt, die Gesetzmäßigkeiten aus Figur 62 abzulesen, kannst du die neuen Punkte in ein größeres Koordinatensystem einzeichnen und so die gesuchten Koordinaten finden.

Vektorrechnung

➧ Zeichne den Punkt B (0|0), sowie die Punkte B_1, B_2, B_3 so ein, daß gilt:
$\overrightarrow{AA_1} = \overrightarrow{BB_1} = \overrightarrow{B_1B_2} = \overrightarrow{B_2B_3}$.

Aus Figur 62, sowie aus den Vektorkoordinaten kannst du folgende Eigenschaften ablesen:

- Die Vektoren $\overrightarrow{AA_1}$ und $\overrightarrow{BB_1}$, $\overrightarrow{AA_2}$ und $\overrightarrow{BB_2}$, sowie $\overrightarrow{AA_3}$ und $\overrightarrow{BB_3}$ sind jeweils ________ .
- Die Vektoren $\overrightarrow{AA_2}$ und $\overrightarrow{BB_2}$ sind jeweils ________ so lang, wie $\overrightarrow{AA_1}$; diese drei Vektoren verlaufen ____________ zueinander und sind *gleich/entgegengesetzt* gerichtet.
- Die Vektoren $\overrightarrow{AA_3}$ und $\overrightarrow{BB_3}$ sind jeweils ________ so lang, wie $\overrightarrow{AA_1}$; auch diese drei Vektoren verlaufen ____________ zueinander und sind ________ gerichtet.

Zusammenfassung

Mit der Gleichheit der Vektoren $\overrightarrow{AA_1} = \overrightarrow{A_1A_2} = \overrightarrow{A_2A_3}$ können wir für den

Vektor	$\overrightarrow{AA_2} = \overrightarrow{AA_1} + \overrightarrow{A_1A_2}$
auch schreiben	$\overrightarrow{AA_2} = \underbrace{\overrightarrow{AA_1} + \overrightarrow{AA_1}}$
bzw. kürzer	$\overrightarrow{AA_2} = \_\_\_ \cdot \overrightarrow{AA_1}$;
für den Vektor	$\overrightarrow{AA_3} = \overrightarrow{AA_2} + \overrightarrow{AA_1}$
gilt somit	$\overrightarrow{AA_3} = \underbrace{\_\_\_ \cdot \overrightarrow{AA_1} + \overrightarrow{AA_1}}$
bzw.	$\overrightarrow{AA_3} = \_\_\_ \cdot \overrightarrow{AA_1}$.

Wenn du die Koordinaten der Vektoren einsetzt $\overrightarrow{AA_2} = 2 \cdot \overrightarrow{AA_1}$, dann gilt:

$$\begin{pmatrix} \_\_\_ \\ \_\_\_ \end{pmatrix} = 2 \cdot \begin{pmatrix} 2 \\ 1 \end{pmatrix}$$

bzw. für $\overrightarrow{AA_3} = \_\_\_ \cdot \overrightarrow{AA_1}$ gilt:

$$\begin{pmatrix} \_\_\_ \\ \_\_\_ \end{pmatrix} = \_\_\_ \cdot \begin{pmatrix} 2 \\ 1 \end{pmatrix}.$$

Du erkennst, daß durch den Faktor 2 beide Vektorkoordinaten ver________ werden, bzw. durch den Faktor 3 beide Vektorkoordinaten ver______facht werden.

Definition

Die Multiplikation eines Vektors $\vec{v} = \begin{pmatrix} v_x \\ v_y \end{pmatrix}$ mit einem positiven Faktor k bedeutet, daß jede Koordinate mit diesem Faktor multipliziert wird:

$$k \cdot \vec{v} = k \cdot \begin{pmatrix} v_x \\ v_y \end{pmatrix} = \begin{pmatrix} k \cdot v_x \\ k \cdot v_y \end{pmatrix}$$

Aufgaben

(38) In Figur 63a sind die beiden Vektoren $\vec{u}$ und $\vec{v}$, sowie der Punkt A gegeben.

a) Zeichne den Punkt B ein, mit $\overrightarrow{AB} = 2 \cdot \vec{u}$

b) Zeichne den Punkt C ein, mit $\overrightarrow{BC} = 3 \cdot \vec{v}$

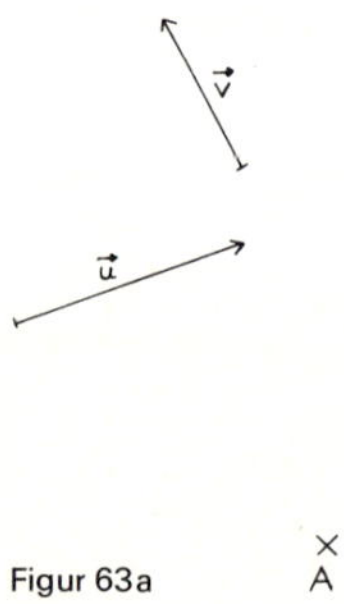

Figur 63a

(39) Figur 63b unterscheidet sich von Figur 63a nur durch das unterlegte Koordinatensystem. Diesmal geht es zusätzlich um die zahlenmäßige Multiplikation und Addition von Vektoren.

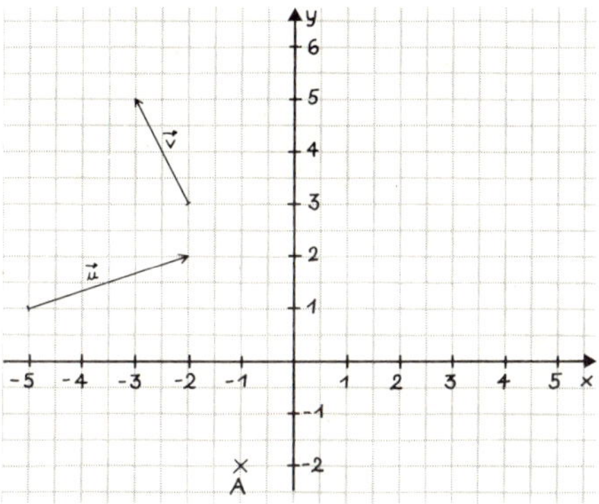

Figur 63b

a) Lies die Vektorkoordinaten ab

$\vec{u} = \binom{\_\_}{\_\_}$ und $\vec{v} = \binom{\_\_}{\_\_}$

b) Zeichne den Punkt B ein, mit $\overrightarrow{AB} = 2 \cdot \vec{u}$ und lies seine Koordinaten ab:

B (___ | ___).

c) Zeichne den Punkt C ein, mit $\overrightarrow{BC} = 3 \cdot \vec{v}$ und lies seine Koordinaten ab:

C (___ | ___).

d) Lies die Koordinaten des Vektors

$\overrightarrow{AC} = \binom{\_\_}{\_\_}$ ab und vergleiche sie mit

$2 \cdot \vec{u} + 3 \cdot \vec{v} =$

$= 2 \cdot \binom{\_\_}{\_\_} + 3 \cdot \binom{\_\_}{\_\_} =$

$= \binom{\_\_}{\_\_} + \binom{\_\_}{\_\_} = \binom{\_\_}{\_\_}$

Die bisherige Definition schränkt die Multiplikation von Vektoren auf positive Faktoren ein.
Wenn wir diese Einschränkung jetzt aufheben, müssen wir uns klar machen, was es bedeutet, wenn ein Vektor $\vec{v}$ z. B. mit dem Faktor $k = -3$ multipliziert wird.

- Jede negative Zahl kann geschrieben werden als Produkt: „Minus Eins mal Betrag der Zahl".

  hier: $-3 = -1 \cdot |-3|$

  also $-3 = -1 \cdot 3$

Damit können wir die Multiplikation eines Vektors mit einer negativen Zahl in zwei Schritten vollziehen;

$-3 \cdot \vec{v} = -1 \cdot 3 \cdot \vec{v}$

1. Schritt: $3 \cdot \vec{v}$

2. Schritt: $-1 \cdot (3\vec{v})$

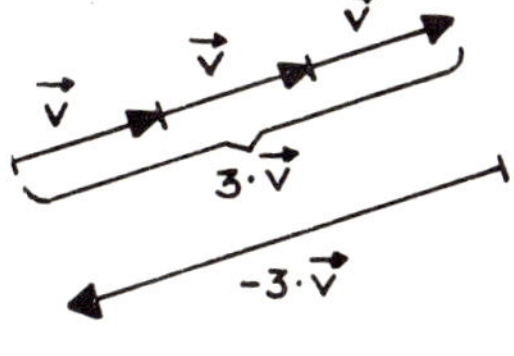

Figur 64a/b

Durch die Multiplikation mit -1 ändert sich nur die *Parallelität/Länge/Orientierung* des Vektors.

Vektorrechnung
Länge

Aufgaben

(40) Multipliziere die Vektoren $\vec{u} = \begin{pmatrix} 2 \\ -3 \end{pmatrix}$ und $\vec{v} = \begin{pmatrix} -1 \\ -2 \end{pmatrix}$ mit den angegebenen Zahlen und berechne die neuen Koordinaten.

a) $-1 \cdot \vec{u} = -1 \cdot \begin{pmatrix} 2 \\ -3 \end{pmatrix} = \begin{pmatrix} \_\_ \\ \_\_ \end{pmatrix}$

b) $2 \cdot \vec{v} = 2 \cdot \begin{pmatrix} -1 \\ -2 \end{pmatrix} = \begin{pmatrix} \_\_ \\ \_\_ \end{pmatrix}$

c) $-3{,}5 \cdot \vec{v} = -3{,}5 \cdot \begin{pmatrix} \_\_ \\ \_\_ \end{pmatrix} = \begin{pmatrix} \_\_ \\ \_\_ \end{pmatrix}$

(41) Zeichne in die Figur 65 zu den gegebenen Vektoren $\vec{u}$ und $\vec{v}$ die gesuchten Vielfachen der Vektoren. (Löse die Aufgabe durch Auszählen der Kästchen oder durch Parallelverschiebung.)

a) $-1 \cdot \vec{u}$ mit dem Anfangspunkt bei A.

b) $2 \cdot \vec{v}$ mit dem Anfangspunkt bei B.

c) $-3{,}5 \cdot \vec{v}$ mit dem Anfangspunkt bei C.

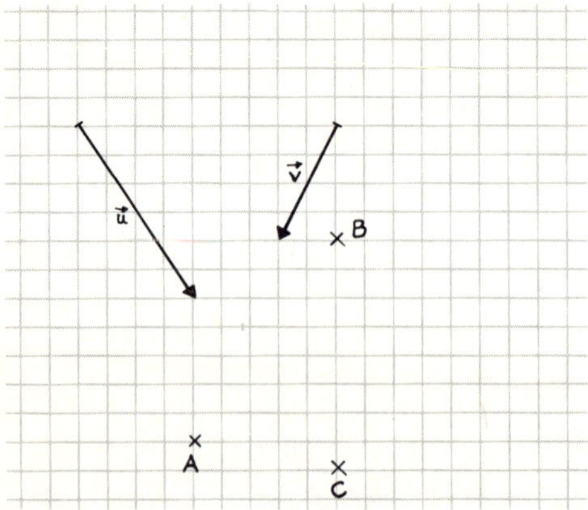

Figur 65

Betrag eines Vektors

Definition

Als Betrag eines Vektors $\vec{v}$ wird die Maßzahl der Länge des Vektors $\vec{v}$ bezeichnet; in Kurzschreibweise: $|\vec{v}|$;
lies: „Betrag des Vektors $\vec{v}$“
bzw. „Länge des Vektors $\vec{v}$“
– bezüglich der Längeneinheit des Koordinatensystems.

Beachte

$|\vec{v}|$ ist also immer eine nichtnegative Zahl.

Mit Hilfe des Satzes von PYTHAGORAS läßt sich aus den Koordinaten die Länge eines Vektors berechnen. Ähnlich, wie wir uns bei der Streckenberechnung im Koordinatensystem *) einen „Hilfspunkt“ gesucht haben, um ein rechtwinkliges Dreieck zu bekommen, werden wir auch hier vorgehen.

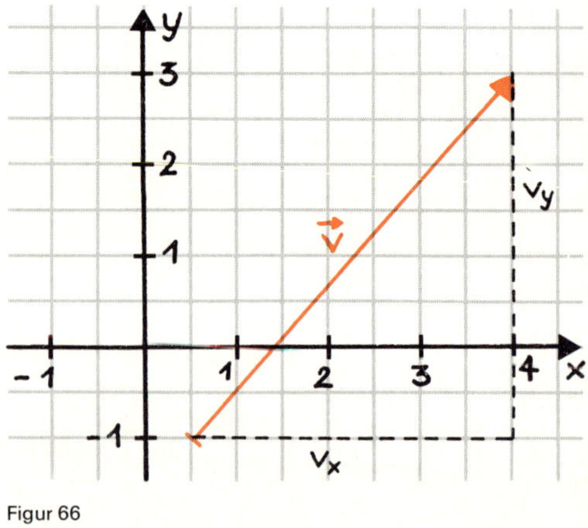

Figur 66

*) vergl. ML 44 S. 50

Betrag
Länge

In Figur 66 kannst du die Koordinaten des Vektors $\vec{v}$ ablesen:

$$\vec{v} = \begin{pmatrix} \_\_ \\ \_\_ \end{pmatrix}$$

Mit den gestrichelten Linien ist bereits das rechtwinklige Dreieck angedeutet, dessen Maßzahlen der Seitenlängen mit den Koordinaten des Vektors übereinstimmen.

Berechne den Betrag des Vektors $\vec{v}$ von Figur 66:

$$|\vec{v}|^2 = \_\_^2 + \_\_^2 = \_\_ \mid \sqrt{}$$

$$\Rightarrow |\vec{v}| = \sqrt{\_\_} = \_\_$$

Damit kannst du sicher die allgemeine Regel aufstellen.

Regel

Der Betrag $|\vec{v}|$ des Vektors $\vec{v} = \begin{pmatrix} v_x \\ v_y \end{pmatrix}$ berechnet sich nach der Formel:

$$|\vec{v}| = \sqrt{v_x^2 + v_y^2}$$

c) $\overrightarrow{AB}$ mit A $(-6 \mid 1)$ und B $(18 \mid -6)$

$$\overrightarrow{AB} = \begin{pmatrix} \_\_ - \_\_ \\ \_\_ - \_\_ \end{pmatrix} = \begin{pmatrix} \_\_ \\ \_\_ \end{pmatrix}$$

$$\Rightarrow |\overrightarrow{AB}| = \sqrt{\_\_\_\_} = \_\_\_$$

Bei der Lösung der Teilaufgabe c) hast du zwei Regeln miteinander verbunden:
– Die Regel zur Aufstellung eines Vektors und
– die Regel zur Berechnung des Betrages eines Vektors.

Wenn wir diese Regeln in der allgemeinen Schreibweise verbinden, ergibt sich die Regel zur Streckenberechnung.

Regel

Die Entfernung zweier Punkte A $(a_x \mid a_y)$ und B $(b_x \mid b_y)$ bzw. die Länge der Strecke $\overline{AB}$ – in der Längeneinheit des Koordinatensystems – berechnet sich nach der Formel:

$$\overline{AB} = \sqrt{(b_x - a_x)^2 + (b_y - a_y)^2}$$

Aufgabe

(42) Berechne die Beträge der Vektoren

a) $\vec{v} = \begin{pmatrix} 12 \\ -5 \end{pmatrix} \Rightarrow |\vec{v}| = \sqrt{\_\_ + \_\_} = \_\_\_$

b) $\vec{u} = \begin{pmatrix} -7 \\ -7 \end{pmatrix} \Rightarrow |\vec{u}| = \sqrt{\_\_\_\_} = \_\_\_$

Vektorrechnung
linear abhängig

Aufgabe

(43) Berechne die Länge der Strecke $\overline{PQ}$ (auf zwei Stellen hinter dem Komma) mit $P(15|-9)$ und $Q(8|6)$.

$\overline{PQ} = \sqrt{(\_\_\_\_\_\_)^2 + (\_\_\_\_\_\_)^2}$ LE =

$= \sqrt{\_\_\_\_ + \_\_\_\_}$ LE $= \sqrt{\_\_\_\_}$ LE = ____ LE

Lineare Abhängigkeit

Definition

Zwei Vektoren $\vec{u} = \begin{pmatrix} u_x \\ u_y \end{pmatrix}$ und $\vec{v} = \begin{pmatrix} v_x \\ v_y \end{pmatrix}$, die beide vom Nullvektor verschieden sind, nennt man **linear abhängig** oder auch **kollinear,** wenn einer der Vektoren ein Vielfaches des anderen ist;
kurz: $\vec{u}$ kollinear zu $\vec{v}$, wenn es eine reelle Zahl k gibt, mit $\vec{u} = k \cdot \vec{v}$.
Falls es keine reelle Zahl k gibt, mit $\vec{u} = k \cdot \vec{v}$, so nennt man die beiden Vektoren $\vec{u}$ und $\vec{v}$ **linear unabhängig.**

1. Beispiel

a) In Aufgabe (40) hast du bereits kollineare Vektoren kennengelernt. Die beiden Vektoren $\begin{pmatrix} -2 \\ -4 \end{pmatrix}$ und $\begin{pmatrix} -1 \\ -2 \end{pmatrix}$ sind kollinear, denn es gibt eine Zahl k, mit $\begin{pmatrix} -2 \\ -4 \end{pmatrix} = k \cdot \begin{pmatrix} -1 \\ -2 \end{pmatrix}$.
In diesem Beispiel gilt: k = ___.

b) Auch die Vektoren $\begin{pmatrix} 12 \\ 20 \end{pmatrix}$ und $\begin{pmatrix} -3 \\ -5 \end{pmatrix}$ sind linear abhängig:

$\begin{pmatrix} 12 \\ 20 \end{pmatrix} = k \cdot \begin{pmatrix} -3 \\ -5 \end{pmatrix}$; hier gilt: k = ___.

- Rechnerisch erkennt man linear abhängige Vektoren daran, daß die x-Koordinate mit _______ Zahl multipliziert wird, wie die y-Koordinate.
- Geometrisch erkennt man linear abhängige Vektoren daran, daß sie ________ verlaufen.

2. Beispiel

In Figur 67 sind acht Vektoren gezeichnet. Erkenne die kollinearen Vektoren.

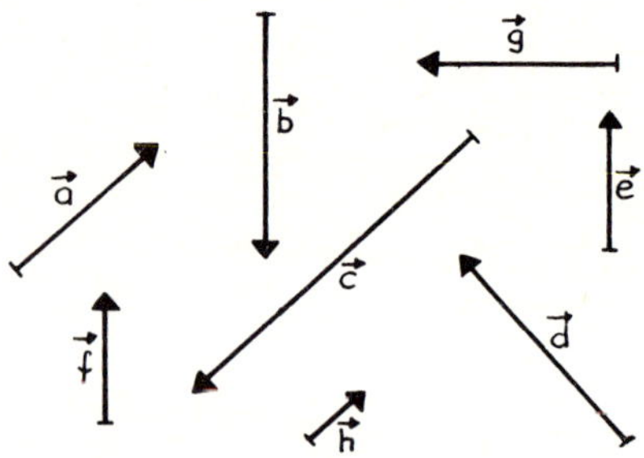

Figur 67

a) $\vec{a}$ ist kollinear zu ___ und ___.
b) $\vec{b}$ ist kollinear zu ___ und ___.

3. Beispiel

Gegeben sind die Vektoren

$\vec{a} = \begin{pmatrix} 2 \\ 1 \end{pmatrix}$; $\vec{b} = \begin{pmatrix} 4 \\ -3 \end{pmatrix}$; $\vec{c} = \begin{pmatrix} -6 \\ -3 \end{pmatrix}$;

$\vec{d} = \begin{pmatrix} 1 \\ 0{,}5 \end{pmatrix}$; $\vec{e} = \begin{pmatrix} -8 \\ +6 \end{pmatrix}$; $\vec{f} = \begin{pmatrix} 12 \\ -9 \end{pmatrix}$;

$\vec{g} = \begin{pmatrix} 12 \\ 6 \end{pmatrix}$; $\vec{h} = \begin{pmatrix} -2 \\ 1{,}5 \end{pmatrix}$

Erkenne die kollinearen Vektoren.

a) $\vec{a}$ ist kollinear zu ___ ; ___ und ___ .

b) $\vec{b}$ ist kollinear zu ___ ; ___ und ___ .

4. Beispiel

Gegeben sind die beiden Vektoren

$\vec{a} = \begin{pmatrix} a_x \\ -20 \end{pmatrix}$ und $b = \begin{pmatrix} 3 \\ -5 \end{pmatrix}$

Bestimme die x-Koordinate des Vektors $\vec{a}$ so, daß $\vec{a}$ und $\vec{b}$ kollinear sind.

Ansatz:

$$\begin{pmatrix} a_x \\ -20 \end{pmatrix} = k \cdot \begin{pmatrix} 3 \\ -5 \end{pmatrix} \Rightarrow$$

$$\begin{cases} \text{I} & a_x = 3 \cdot k \\ \text{II} & -20 = -5 \cdot k \Rightarrow k = 4 \end{cases}$$

Mit $k = 4$ ergibt I:

$$a_x = 3 \cdot 4 = \_\_\_$$

Damit gilt für den Vektor $\vec{a} = \begin{pmatrix} \_\_\_ \\ -20 \end{pmatrix}$

Aufgaben

(44) Bestimme für die jeweils kollinearen Vektoren den Faktor k.

a) $\begin{pmatrix} 15 \\ -18 \end{pmatrix} = k \cdot \begin{pmatrix} -5 \\ 6 \end{pmatrix} \Rightarrow k = \_\_\_$

b) $\begin{pmatrix} 2 \\ 7 \end{pmatrix} = k \cdot \begin{pmatrix} -8 \\ -28 \end{pmatrix} \Rightarrow k = \_\_\_$

(45) In Figur 68 sind die Vektoren $\vec{a}$ und $\vec{b}$ gegeben.

a) Zeichne den Vektor $3\vec{a}$ mit dem Anfangspunkt in A.

b) Zeichne den Vektor $-2\vec{b}$ mit dem Anfangspunkt in A.

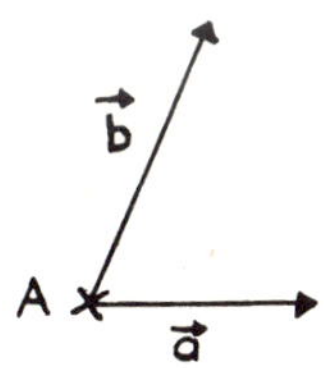

Figur 68

Vektorrechnung
Linearkombination

(46) Entscheide, ob die beiden Vektoren jeweils kollinear sind und bestimme gegebenenfalls den Faktor k mit $\vec{a} = k \cdot \vec{b}$

Die Vektoren	sind kollinear mit	sind nicht kollinear
$\vec{a}_1 = \begin{pmatrix} -7 \\ -10 \end{pmatrix}$ und $\vec{b}_1 = \begin{pmatrix} 21 \\ 30 \end{pmatrix}$	$k_1 =$ ___	
$\vec{a}_2 = \begin{pmatrix} 6 \\ 14 \end{pmatrix}$ und $\vec{b}_2 = \begin{pmatrix} 2 \\ 5 \end{pmatrix}$	$k_3 =$ ___	
$\vec{a}_3 = \begin{pmatrix} 3 \\ 4 \end{pmatrix}$ und $\vec{b}_3 = \begin{pmatrix} -12 \\ 16 \end{pmatrix}$	$k_3 =$ ___	

(47) Bestimme die fehlenden Koordinaten so, daß die Vektoren jeweils kollinear sind.

a) $\vec{p} = \begin{pmatrix} 6 \\ p_y \end{pmatrix}; \vec{q} = \begin{pmatrix} 2 \\ 5 \end{pmatrix}$

aus $\vec{p} = k \cdot \vec{q}$ folgt $p_y =$ ___.

b) $\vec{r} = \begin{pmatrix} 3 \\ 4 \end{pmatrix}; \vec{s} = \begin{pmatrix} -12 \\ s_y \end{pmatrix}$

aus $\vec{r} = k \cdot \vec{s}$ folgt $s_y =$ ___.

Linearkombinationen

Definition

Die Summenvektoren $m \cdot \vec{a} + n \cdot \vec{b}$, die man aus zwei gegebenen Vektoren $\vec{a}$ und $\vec{b}$ bilden kann, nennt man **Linearkombinationen** der Vektoren $\vec{a}$ und $\vec{b}$, mit $m, n \in \mathbb{R} \setminus \{0\}$ und $\vec{a}, \vec{b} \neq \vec{o}$.

Beispiele

a) In Figur 69 sind die beiden Vektoren $\vec{a}$ und $\vec{b}$, sowie der Summenvektor $\vec{a} + \vec{b}$ dargestellt.
Ergänze in Figur 69 die Bezeichnungen für die gestrichelten Vektoren.

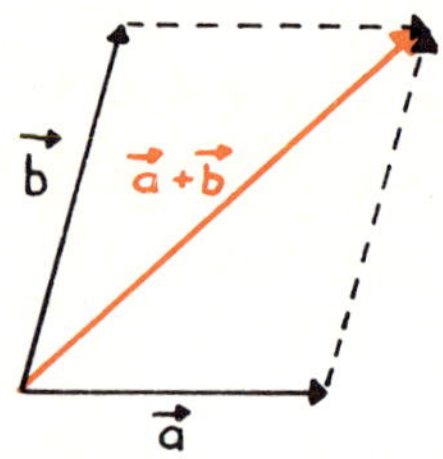

Figur 69

b) In Figur 70 sind die Vektoren $\vec{a}$, $\vec{b}$, $3\vec{a}$ und $-2\vec{b}$ dargestellt.
Zeichne die Linearkombination $3\vec{a} - 2\vec{b}$ ein.

Zerlegung

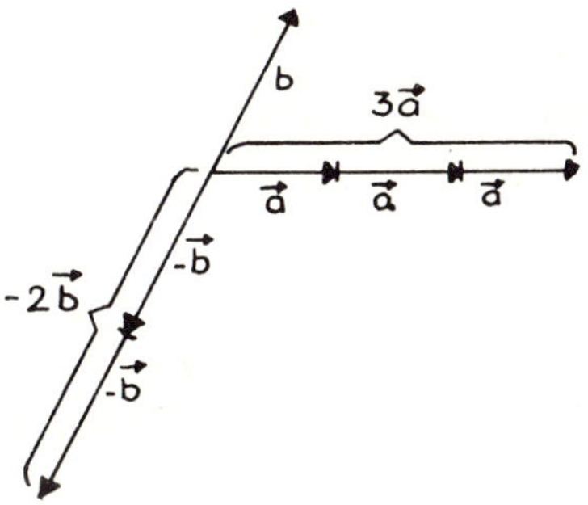

Figur 70

- Die Linearkombination $m\vec{a} + n\vec{b}$ läßt sich als Diagonale im Parallelogramm mit den Seiten $m \cdot \vec{a}$ und $n \cdot \vec{b}$ darstellen, wenn $\vec{a}$ und $\vec{b}$ linear unabhängig sind (– sonst gibt es kein Parallelogramm).

Aufgaben

(48) Zeichne in Figur 71 die vier gesuchten Vektoren ein.

a) $\vec{a} = -3\vec{u} + \vec{v}$ c) $\vec{c} = 2\vec{u} - 2\vec{v}$

b) $\vec{b} = 2\vec{u} + 3\vec{v}$ d) $\vec{d} = -2\vec{u} - 3\vec{v}$

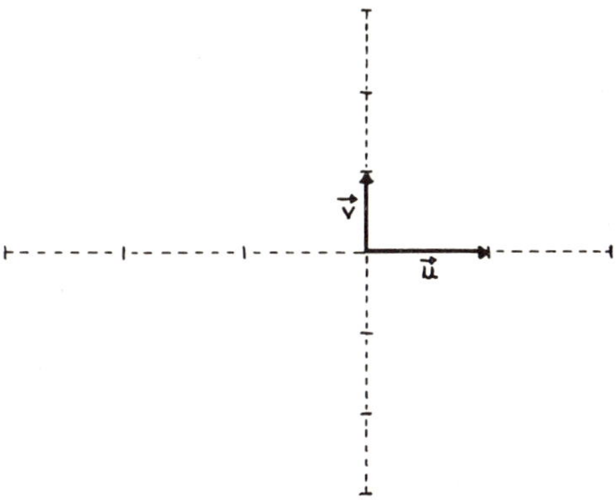

Figur 71

(49) In Figur 72 sind die Vektoren $\vec{u}$, $\vec{v}$ und $\vec{a}$ gegeben.
Bestimme die Faktoren m und n so, daß die Gleichung $\vec{a} = m \cdot \vec{u} + n \cdot \vec{v}$ erfüllt ist.
Stelle deine Antwort in Figur 72 zeichnerisch dar und ergänze

$\vec{a} =$ ___ $\cdot \vec{u} +$ ___ $\cdot \vec{v}$.

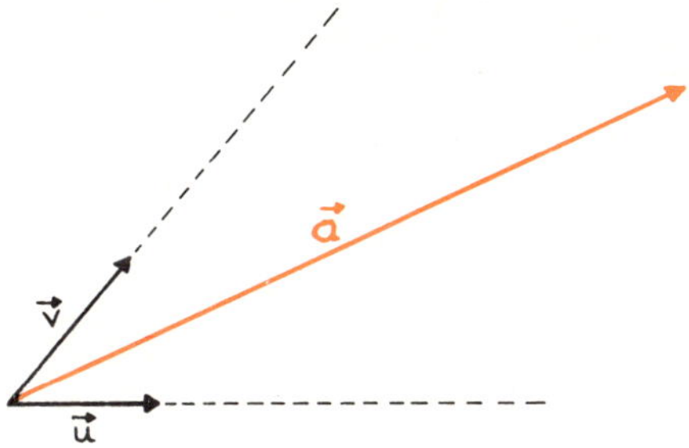

Figur 72

(50) Bestimme die Faktoren r und s so, daß sie die Gleichung $\vec{b} = r \cdot \vec{x} + s \cdot \vec{y}$ erfüllen.
Stelle deine Antwort in Figur 73a zeichnerisch dar und ergänze

$\vec{b} =$ ___ $\cdot \vec{x} +$ ___ $\cdot \vec{y}$.

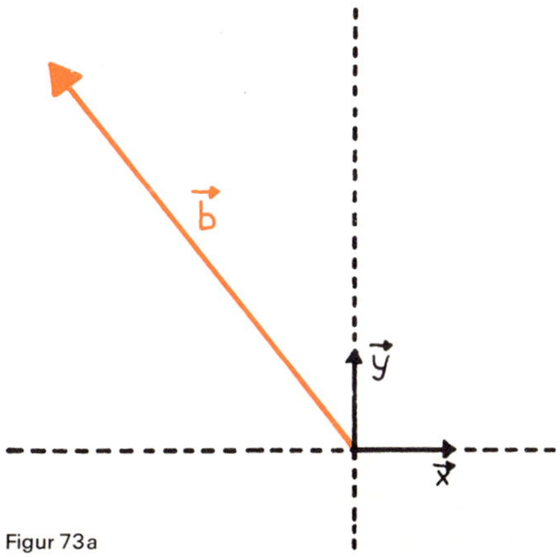

Figur 73a

Vektorrechnung
Schwerpunkt

Aus den beiden letzten Aufgaben ergibt sich als allgemeingültige **Feststellung**:

Jeder Vektor der Ebene läßt sich eindeutig als Linearkombination aus zwei nicht kollinearen Vektoren angeben.

- Wenn diese beiden Vektoren senkrecht aufeinander stehen und wir die Länge 1 LE haben, sind damit die üblichen Koordinatenachsen festgelegt.

In Figur 73b ist die Aufgabe (50) nocheinmal dargestellt. Durch das unterlegte Karomuster erkennst du, daß die Zahlen r und s die üblichen Vektorkoordinaten von $\vec{b}$ sind, mit $\vec{b} = \begin{pmatrix} r \\ s \end{pmatrix}$.

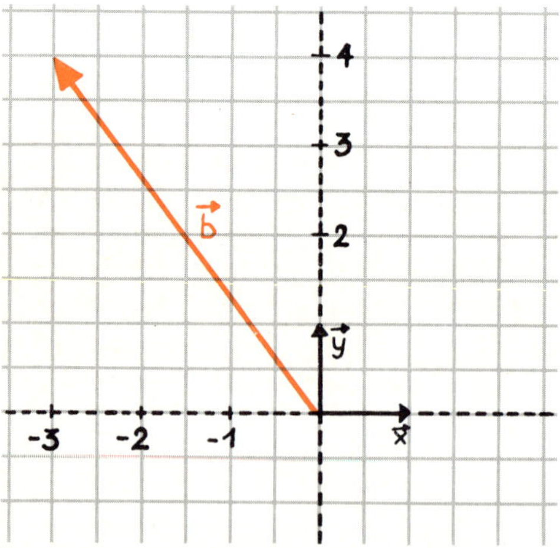

Figur 73b

Mit Hilfe der Linearkombinationen lassen sich bekannte Sätze der Elementargeometrie leicht beweisen. Zusammen mit der Folgerung von Seite 80, daß der Summenvektor einer geschlossenen Vektorkette immer der Nullvektor ist, ergeben sich Gleichungen für die gesuchten Faktoren.

Beispiel

Behauptung

Die Schwerlinien *) eines Dreiecks werden durch den Schwerpunkt jeweils im Verhältnis 2:1 geteilt **).
(Dabei liegen die größeren Abschnitte jeweils an den Eckpunkten des Dreiecks.)

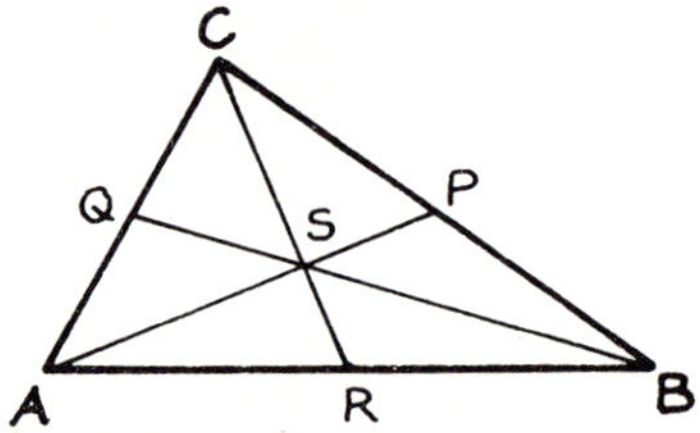

Figur 74a

Wir werden zeigen:

$$\overline{AS} : \overline{SP} = 2:1$$

bzw. $$\overline{AS} = \frac{2}{3} \cdot \overline{AP}$$

und auch $$\overline{CS} : \overline{SR} = 2:1$$

bzw. $$\overline{SR} = \frac{1}{3} \cdot \overline{CR}$$

*) Die Schwerlinien verbinden die Eckpunkte eines Dreiecks mit den Mittelpunkten der gegenüberliegenden Seiten.

**) vergl. ML 38 S. 44

Schwerlinien

Beweis
Unser Ziel ist es, alle Vektoren der geschlossenen Vektorkette

★ $\vec{AS} + \vec{SR} + \vec{RA} = \vec{o}$

durch zwei „Basisvektoren" auszudrücken. Wir wählen die beiden nicht kollinearen Vektoren $\vec{AB}$ und $\vec{AC}$ als Basisvektoren.

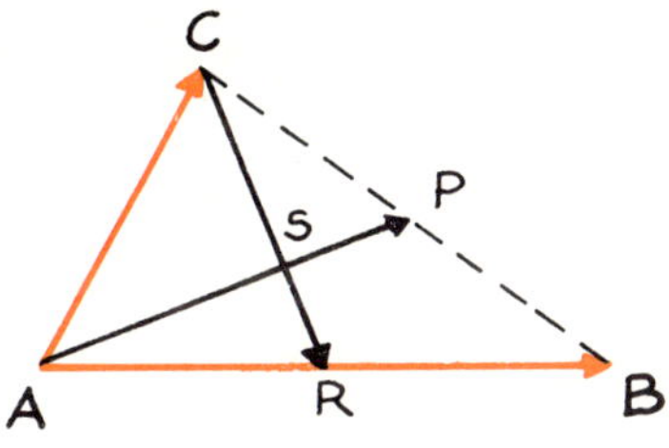

Figur 74b

Für $\vec{BC}$ gilt: $\vec{BC} = -\vec{AB} + \vec{AC}$.
Da P die Strecke [BC] halbiert, können wir damit auch den Vektor $\vec{AP}$ ausdrücken:

$$\vec{AP} = \vec{AB} + \frac{1}{2} \cdot \vec{BC}$$

$$\vec{AP} = \vec{AB} + \frac{1}{2} \cdot (-\vec{AB} + \vec{AC})$$

$$\Rightarrow \vec{AP} = \underbrace{\vec{AB} - \frac{1}{2} \cdot \vec{AB}} + \frac{1}{2} \cdot \vec{AC}$$

$$\Rightarrow \vec{AP} = \_\_\_\_\_\_ + \frac{1}{2} \cdot \vec{AC}$$

Da R die Strecke [AB] halbiert, können wir damit auch den Vektor $\vec{CR}$ ausdrücken:

$$\vec{CR} = -\vec{AC} + \frac{1}{2} \cdot \_\_\_\_\_\_$$

In der Vektorkette ★ kommen zwar die Vektoren $\vec{AP}$ und $\vec{CR}$ nicht in ihrer ganzen Länge, wohl aber mit ihrer Richtung vor.

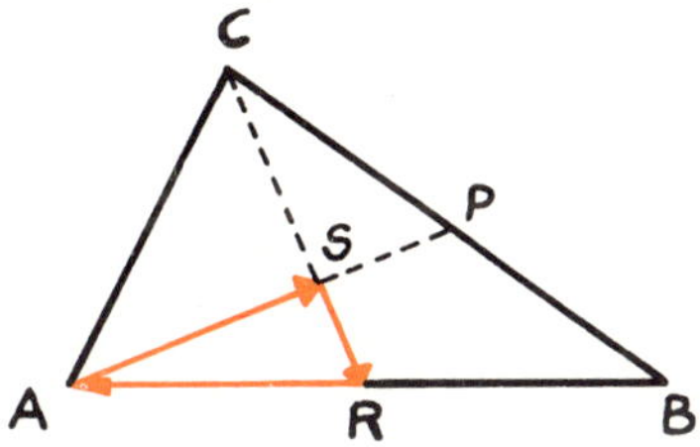

Figur 74c

Für $\vec{AS}$ können wir schreiben: $\vec{AS} = m \cdot \vec{AP}$,
für $\vec{SR}$ können wir schreiben: $\vec{SR} = n \cdot \vec{CR}$;
dabei stehen m und n für die Bruchzahlen, die die Vektoren $\vec{AP}$ und $\vec{CR}$ „verkürzen" sollen.
Damit können wir in die Vektorkette einsetzen:

★ $\vec{AS} + \vec{SR} + \vec{RA} = \vec{o}$

$\Rightarrow m \cdot \vec{AP} + n \cdot \vec{CR} + \vec{RA} = \vec{o}$

Wenn wir $\vec{AP}$ und $\vec{CR}$ ersetzen, ergibt sich:

$$\Rightarrow m \cdot \left(\frac{1}{2} \cdot \vec{AB} + \frac{1}{2} \cdot \vec{AC}\right) + n \cdot \left(-\vec{AC} + \frac{1}{2} \cdot \vec{AB}\right) - \frac{1}{2} \cdot \_\_\_\_\_\_ = \vec{o}$$

Vektorrechnung

In dieser Vektorkette treten nur die beiden Basisvektoren $\overrightarrow{AB}$ und $\overrightarrow{AC}$ auf, die wir jeweils ausklammern können:

$$\Rightarrow \overrightarrow{AB} \cdot \underbrace{\left(\frac{m}{2} + \_\_\_ - \frac{1}{2}\right)}_{I} + \overrightarrow{AC} \cdot \underbrace{\left(\frac{m}{2} - \_\_\_\right)}_{II} = \vec{o}$$

⚠ Da $\overrightarrow{AB}$ und $\overrightarrow{AC}$ linear unabhängig sind, kann sich der Nullvektor nur ergeben, wenn die beiden Klammerterme jeweils Null sind.

$$\text{I} \quad \frac{m}{2} + \_\_\_ - \frac{1}{2} = 0$$

$$\text{II} \quad \frac{m}{2} - \_\_\_ \quad = 0$$

Diese beiden Gleichungen liefern uns die beiden gesuchten Zahlen m und n:

$$\text{II}' \qquad \frac{m}{2} = \_\_\_$$

$$\text{II}' \text{ in I} \qquad \_\_\_ + \_\_\_ - \frac{1}{2} = 0 \qquad \left| + \frac{1}{2} \right.$$

$$\Rightarrow \qquad \_\_\_ \cdot n = \frac{1}{2} \qquad \left| : \frac{3}{2} \right.$$

$$\Rightarrow \qquad n = \_\_\_$$

$$\text{n in II}' \qquad \frac{m}{2} = \_\_\_ \qquad | \cdot 2$$

$$\Rightarrow \qquad m = \_\_\_$$

Damit haben wir die obige Behauptung für zwei Schwerlinien bewiesen.

(51) Beweise die Behauptung:
Die Diagonalen eines Parallelogramms werden durch ihren Schnittpunkt M halbiert.

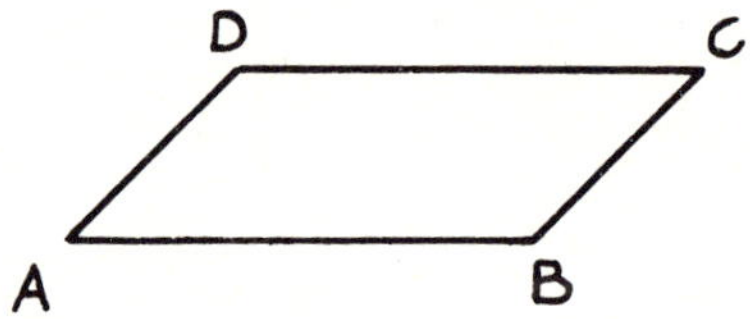

Figur 75

Hinweis: Zeichne die Diagonalen ein und verwende die Seiten des Dreiecks AMB für eine geschlossene Vektorkette.

Bisher haben wir uns mit der Richtung der Vektoren nur insofern beschäftigt, daß wir nachprüfen konnten, ob zwei Vektoren kollinear sind oder nicht.
Im Folgenden geht es um die gegenseitige Lage von Vektoren – um den Winkel zwischen zwei Vektoren.

Winkel zwischen zwei Vektoren

Behauptung

Wenn zwei Vektoren $\vec{a} = \begin{pmatrix} a_x \\ a_y \end{pmatrix}$ und $\vec{b} = \begin{pmatrix} b_x \\ b_y \end{pmatrix}$ (mit $a \neq \vec{o}$ und $\vec{b} \neq \vec{o}$) senkrecht aufeinander stehen, dann erfüllen die Vektorkoordinaten die Gleichung $a_x \cdot b_x + a_y \cdot b_y = 0$.

Auch die Umkehrung gilt: Wenn die obige Gleichung erfüllt ist, stehen die beiden Vektoren $\vec{a}$ und $\vec{b}$ senkrecht aufeinander.

kurz: $\vec{a} \perp \vec{b} \Leftrightarrow a_x \cdot b_x + a_y \cdot b_y = 0$

Winkel zwischen Vektoren

Beweis:

Die Vektoren $\vec{a}$ und $\vec{b}$ der Figur 76 stehen senkrecht aufeinander und bilden das rechtwinklige Dreieck ABC.

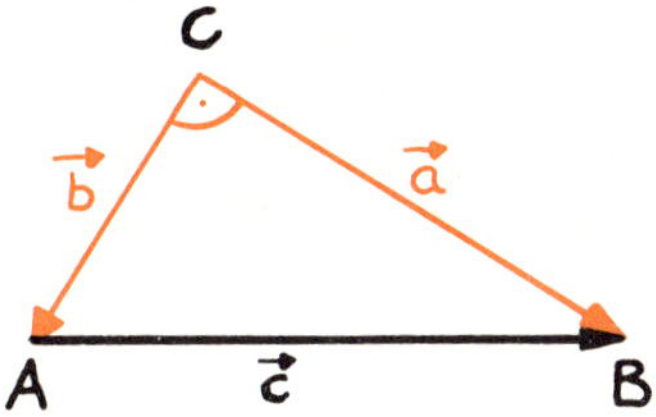

Figur 76

- Der Satz des PYTHAGORAS lautet hier

  $a^2 + b^2 = c^2$

  und läßt sich durch die Längen der Vektoren ausdrücken:

★ $|\vec{a}|^2 + |\vec{b}|^2 = |\vec{c}|^2$.

- Der Vektor $\vec{c}$ läßt sich als Linearkombination der Vektoren $\vec{a}$ und $\vec{b}$ schreiben mit:

  $$\vec{c} = -\vec{b} + \vec{a} = \begin{pmatrix} -b_x + a_x \\ -b_y + \underline{\qquad} \end{pmatrix}$$

- Wenn wir in der Gleichung ★ die Längen der Vektoren durch ihre Koordinaten ausdrücken, ergibt sich:

$$|\vec{a}|^2 + |\vec{b}|^2 = |\vec{c}|^2$$

$$\Leftrightarrow \quad a_x^2 + a_y^2 + \underline{\qquad} + \underline{\qquad} = (-b_x + a_x)^2 + (-b_y + \underline{\quad})^2$$

$$\Leftrightarrow \quad a_x^2 + a_y^2 + \underline{\qquad} + \underline{\qquad} = b_x^2 - 2a_x \cdot b_x + a_x^2 + b_y^2 - \underline{\qquad\quad} + \underline{\qquad}$$

- Die vier Terme der linken Gleichungsseite heben sich gegen vier Terme der rechten Seite auf; dann ergibt sich:

$\Leftrightarrow 0 = -2a_xb_x - \underline{\qquad\quad}$ $\quad |:(-2)$

$\Leftrightarrow 0 = \quad a_xb_x + \underline{\qquad\quad}$

Damit haben wir die Behauptung bewiesen.

Vektorrechnung

Mit Hilfe dieser Gleichung können wir einerseits nachweisen, daß zwei Vektoren orthogonal zueinander sind und andererseits zu einem gegebenen Vektor die Koordinaten eines dazu senkrechten Vektors ermitteln.

Beispiele

1. Weise nach, daß die beiden Vektoren $\vec{a} = \begin{pmatrix} 3 \\ 4 \end{pmatrix}$ und $\vec{b} = \begin{pmatrix} -4 \\ 3 \end{pmatrix}$ orthogonal zueinander sind.

Dazu überprüfen wir, ob die Vektorkoordinaten die Gleichung

$a_x \cdot b_x + a_y \cdot b_y = 0$

erfüllen:

$3 \cdot (-4) + 4 \cdot \_\_\_ =$

$= -12 \quad + \_\_\_ \quad = \_\_\_$

$\Rightarrow \vec{a} \perp \vec{b}$

2. Bestimme die y-Koordinate des Vektors $\vec{b} = \begin{pmatrix} 1 \\ b_y \end{pmatrix}$ so, daß gilt:

$\vec{a} \perp \vec{b}, \quad \text{mit} \quad \vec{a} = \begin{pmatrix} 2 \\ 5 \end{pmatrix}.$

$a_x \cdot b_x + a_y \cdot b_y = 0$

$\Rightarrow \quad 2 \cdot \_\_\_ + 5 \cdot b_y = 0 \qquad | -2$

$\Rightarrow \quad 5 \cdot b_y = \_\_\_ \qquad | :5$

$b_y = \_\_\_$

● Damit gilt: $\vec{b} = \begin{pmatrix} 1 \\ \_\_\_ \end{pmatrix}$

3. Bestimme einen Vektor $\vec{b}$ so, daß gilt $\vec{a} \perp \vec{b}$, mit $\vec{a} = \begin{pmatrix} -3 \\ -7 \end{pmatrix}$

Regel

Die Bedingung $\vec{a} \cdot \vec{b} = 0$ bzw. $\begin{pmatrix} -3 \\ -7 \end{pmatrix} \cdot \vec{b} = 0$

können wir erfüllen, wenn wir den Vektor $\vec{b}$ so bilden:

Die Koordinaten von $\vec{a}$ werden vertauscht und ein Vorzeichen wird gewechselt:

$\vec{b} = \begin{pmatrix} +7 \\ -3 \end{pmatrix}.$

Damit gilt:

$\vec{a} \cdot \vec{b} = \begin{pmatrix} -3 \\ -7 \end{pmatrix} \cdot \begin{pmatrix} +7 \\ -3 \end{pmatrix} = -21 + 21 = 0.$

Aufgaben

(52) Zeige, daß die beiden Vektoren $\vec{a} = \begin{pmatrix} 9 \\ -4 \end{pmatrix}$ und $\vec{b} = \begin{pmatrix} 8 \\ 18 \end{pmatrix}$ orthogonal zueinander sind.

(53) Bestimme einen Vektor $\vec{b}$ so, daß gilt $\vec{a} \perp \vec{b}$, mit $\vec{a} = \begin{pmatrix} -1 \\ 3 \end{pmatrix}$

Definition

Der Term $a_x \cdot b_x + a_y \cdot b_y$ heißt **skalares Produkt a ∘ b** der Vektoren $\vec{a} = \begin{pmatrix} a_x \\ a_y \end{pmatrix}$ und $\vec{b} = \begin{pmatrix} b_x \\ b_y \end{pmatrix}$.

Kurz:

$\vec{a} \circ \vec{b} = \begin{pmatrix} a_x \\ a_y \end{pmatrix} \circ \begin{pmatrix} b_x \\ b_y \end{pmatrix} = a_x \cdot b_x + a_y \cdot b_y$

Skalarprodukt

Mit dem Begriff des „skalaren Produktes" läßt sich die Orthogonalität zweier Vektoren auch so formulieren:

Zwei Vektoren sind orthogonal zueinander, wenn das Skalarprodukt der Vektoren Null ist. **!**

Aufgabe

(54) Beweise, daß die beiden Vektoren

$\vec{u} = \begin{pmatrix} m \\ n \end{pmatrix}$ und $\vec{v} = \begin{pmatrix} -n \\ m \end{pmatrix}$ orthogonal

zueinander sind, mit $\begin{pmatrix} m \\ n \end{pmatrix} \neq \begin{pmatrix} 0 \\ 0 \end{pmatrix}$.

Das Skalarprodukt der beiden Vektoren ergibt:

$$\vec{u} \circ \vec{v} = \begin{pmatrix} m \\ n \end{pmatrix} \circ \begin{pmatrix} -n \\ m \end{pmatrix}$$

$$= m \cdot (-n) + \_\_\_\_\_\_ = \_\_\_$$

Damit sind $\vec{u}$ und $\vec{v}$ orthogonal zueinander.

(55) Gegeben ist das Viereck ABCD mit A (5|3), B (9|6), C (6|10) und D (2|7)

a) Zeige, daß das Viereck ABCD eine Raute ist.

- Für eine Raute muß gelten, daß alle Seiten des Vierecks ________ lang sind.
- Berechne:

$|\overrightarrow{AB}| =$ ______ LE; $|\overrightarrow{BC}| =$ ______ LE;

$|\overrightarrow{CD}| =$ ______ LE; $|\overrightarrow{DA}| =$ ______ LE

b) Zeige, daß sich die Diagonalen der Raute orthogonal schneiden.

$$\left.\begin{aligned} \overrightarrow{AC} &= \begin{pmatrix} \_\_ \\ \_\_ \end{pmatrix} \\ \overrightarrow{BD} &= \begin{pmatrix} \_\_ \\ \_\_ \end{pmatrix} \end{aligned}\right\} \Rightarrow \overrightarrow{AC} \circ \overrightarrow{BD} =$$

$$= \begin{pmatrix} \_\_ \\ \_\_ \end{pmatrix} \circ \begin{pmatrix} \_\_ \\ \_\_ \end{pmatrix} =$$

$$= \_\_\_ \cdot \_\_\_ + \_\_\_ \cdot \_\_\_ = \_\_\_$$

$\Rightarrow \overrightarrow{AC} \perp \overrightarrow{BD}$.

Mit Hilfe des Skalarproduktes läßt sich auch der Winkel zwischen zwei Vektoren berechnen. Um die Verbindung zwischen Winkeln und Vektoren herzustellen, müssen wir zunächst neue Schreibweisen für Vektoren einführen.

Vektorrechnung
Polarkoordination

Verschiedene Schreibweisen für Vektoren

1. Bisher haben wir Vektoren durch ihre Koordinaten *) ausgedrückt.
   Für den Vektor $\vec{a}$ der Figur 77 gilt:

   $\vec{a} = \begin{pmatrix} \_\_ \\ \_\_ \end{pmatrix}$

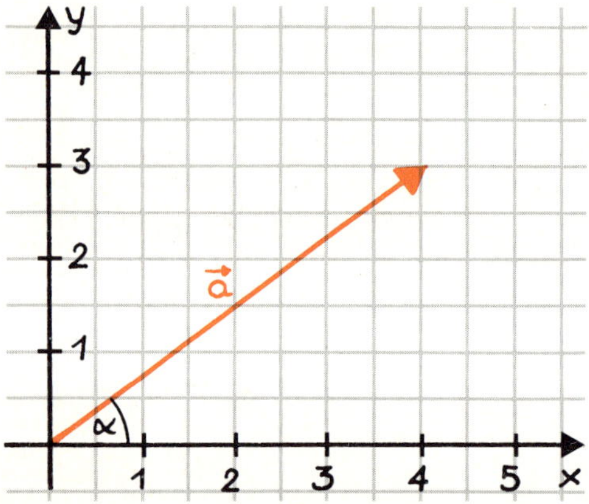

Figur 77

2. Als **Polarkoordinaten** eines Vektors $\vec{a}$ bezeichnet man die Angabe seines Richtungswinkels α und seines Betrages $|\vec{a}|$;
   kurz: $\vec{a} = (\alpha; |\vec{a}|)$

Im Beispiel von Figur 77 gilt:

$$\tan\alpha = \frac{3}{\_\_} = 0,\_\_ \Rightarrow \alpha = \_\_$$

$$|\vec{a}| = \sqrt{4^2 + \_\_} = \sqrt{\_\_} = \_\_ .$$

Damit läßt sich $\vec{a}$ in Polarkoordinaten ausdrücken:

$$\vec{a} = (\_\_°; \_\_)$$

3. In der dritten Schreibweise werden die Koordinaten durch den Richtungswinkel α ausgedrückt.
   Mit $\vec{a} = \begin{pmatrix} a_x \\ a_y \end{pmatrix}$ können wir schreiben
   (vergl. Figur 77):

   $\cos\alpha = \frac{a_x}{|\vec{a}|}$ bzw. $a_x = \_\_ \cdot \cos\alpha$

   $\sin\alpha = \frac{a_y}{|\vec{a}|}$ bzw. $a_y = \_\_ \cdot \sin\alpha$

Damit können wir schreiben:

$$\vec{a} = \begin{pmatrix} |\vec{a}| \cdot \cos\alpha \\ |\vec{a}| \cdot \sin\alpha \end{pmatrix} \quad \text{bzw.}$$

$$\vec{a} = |\vec{a}| \cdot \begin{pmatrix} \cos\alpha \\ \sin\alpha \end{pmatrix}$$

Im Beispiel von Figur 77 gilt:

$$\vec{a} = \_\_ \cdot \begin{pmatrix} 0{,}8 \\ \_\_ \end{pmatrix} \quad \text{oder auch}$$

$$\vec{a} = \_\_ \cdot \begin{pmatrix} \frac{4}{5} \\ \_\_ \end{pmatrix}$$

*) Im kartesischen – also rechtwinkligen Koordinatensystem

Polarkoordinaten
Winkelkoordinaten

Aufgabe

(56) In Figur 78 ist der Vektor $\vec{v}$ gezeichnet, den du auf dreierlei Weise schreiben sollst.

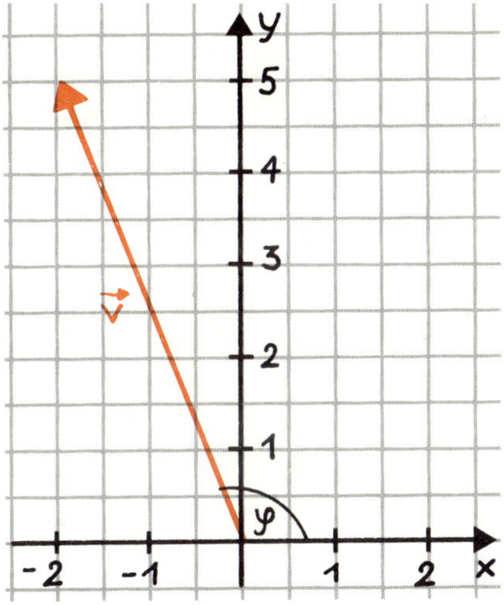

Figur 78

a) Kartesische *) Koordinaten:

$\vec{v} = \begin{pmatrix} \_\_\_ \\ \_\_\_ \end{pmatrix}$

b) Polarkoordinaten:

$\vec{v} = (\varphi; |\vec{v}|) =$

$= (\_\_\_\_\_; \_\_\_\_\_)$

c) Winkelkoordinaten:

$\vec{v} = |\vec{v}| \cdot \begin{pmatrix} \cos\varphi \\ \sin\varphi \end{pmatrix} =$

$= \_\_\_\_\_ \cdot \begin{pmatrix} \_\_\_\_\_ \\ \_\_\_\_\_ \end{pmatrix}$

Behauptung

Das Skalarprodukt zweier Vektoren ist gleich dem Produkt aus den Beträgen der beiden Vektoren und dem Kosinus des Zwischenwinkels φ.

Kurz:

$$\vec{a} \circ \vec{b} = |\vec{a}| \cdot |\vec{b}| \cdot \cos\varphi$$

Beweis

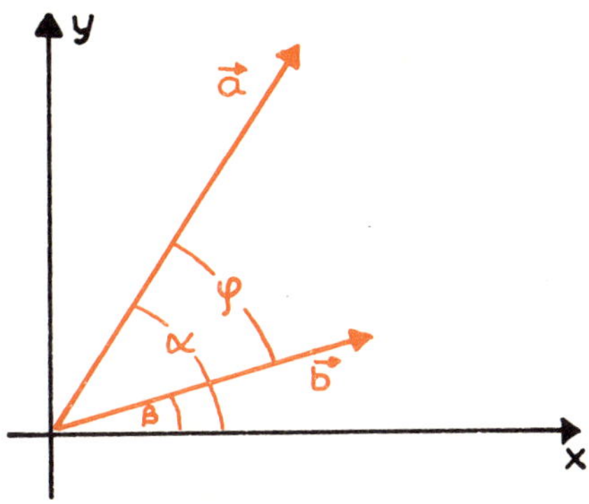

Figur 79

*) RÈNÉ DESCARTES, französischer Mathematiker (1596–1650) (CARTESIUS)

Vektorrechnung

Mit $\vec{a} = \begin{pmatrix} a_x \\ a_y \end{pmatrix}$ und $\vec{b} = \begin{pmatrix} b_x \\ b_y \end{pmatrix}$

bzw. $\vec{a} = |\vec{a}| \cdot \begin{pmatrix} \cos\alpha \\ \sin\alpha \end{pmatrix}$ und

$\vec{b} = |\vec{b}| \cdot \begin{pmatrix} \cos\beta \\ \sin\beta \end{pmatrix}$ ergibt sich:

$$\vec{a} \circ \vec{b} = |\vec{a}| \cdot \begin{pmatrix} \cos\alpha \\ \sin\alpha \end{pmatrix} \circ |\vec{b}| \cdot \begin{pmatrix} \cos\beta \\ \sin\beta \end{pmatrix} =$$

$$= |\vec{a}| \cdot |\vec{b}| \cdot \begin{pmatrix} \cos\alpha \\ \sin\alpha \end{pmatrix} \circ \begin{pmatrix} \cos\beta \\ \sin\beta \end{pmatrix} =$$

$$= |\vec{a}| \cdot |\vec{b}| \cdot (\cos\alpha \cdot \cos\beta + \_\_\_\_ \cdot \_\_\_\_)$$

Wenn du den Klammerterm vergleichst mit der Formel für den Kosinus des Differenzwinkels (Seite 62), $\cos\varphi = \cos(\alpha - \beta)$, so siehst du, daß damit die Behauptung bewiesen ist.
Wenn wir die Formel umstellen, läßt sich damit sehr einfach der Winkel zwischen zwei Vektoren berechnen.

$$\vec{a} \circ \vec{b} = |\vec{a}| \cdot |\vec{b}| \cdot \cos\varphi$$

$$\Rightarrow \mathbf{\cos\varphi = \frac{\vec{a} \circ \vec{b}}{|\vec{a}| \cdot |\vec{b}|}}$$ bzw.

$$\mathbf{\cos\varphi = \frac{a_x \cdot b_x + \_\_\_ \cdot \_\_\_}{\sqrt{a_x^2 + a_y^2} \cdot \sqrt{\_\_\_ + \_\_\_}}}$$

Beispiel

Berechne den Winkel, den die beiden Vektoren $\vec{a} = \begin{pmatrix} 5 \\ 2 \end{pmatrix}$ und $\vec{b} = \begin{pmatrix} 3 \\ 6 \end{pmatrix}$ einschließen.

$$\cos\varphi = \frac{\vec{a} \circ \vec{b}}{|\vec{a}| \cdot |\vec{b}|} = \frac{5 \cdot \_\_\_ + 2 \cdot \_\_\_}{\sqrt{25 + \_\_\_} \cdot \sqrt{9 + \_\_\_}} =$$

$$= \_\_\_\_$$

$$\Rightarrow \quad \varphi = \_\_\_\_$$

Beachte

- Das Skalarprodukt ist kommutativ:
  $\vec{a} \circ \vec{b} = \vec{b} \circ \vec{a}$
- Für die beiden Zwischenwinkel $\alpha - \beta$ und $\beta - \alpha$ gilt:
  $\cos(\alpha - \beta) = \cos(\beta - \alpha)$ *).

Aufgaben

(57) Berechne den Winkel φ, den die beiden Vektoren bilden.

a) $\vec{a} = \begin{pmatrix} -4 \\ 1 \end{pmatrix}$ und $\vec{b} = \begin{pmatrix} 3 \\ 2 \end{pmatrix}$

b) $\vec{c} = \begin{pmatrix} -5 \\ -3 \end{pmatrix}$ und $\vec{d} = \begin{pmatrix} 7 \\ 7 \end{pmatrix}$

*) Wegen $\cos(-x) = \cos x$; vergl. S. 48.

Geschwindigkeits-addition

(58) Gegeben ist das Dreieck ABC, mit A $(-2|-3)$; B $(5|4)$ und C $(-4|2)$. Bestimme – nach dem vorgegebenen Schema – die Größe der Dreieckswinkel α, β und γ.

- $\overrightarrow{AB} = \left(\frac{\quad}{\quad}\right)$; $\overrightarrow{AC} = \left(\frac{\quad}{\quad}\right)$

$\Rightarrow \cos\alpha = \dfrac{\overrightarrow{AB} \circ \overrightarrow{AC}}{|\overrightarrow{AB}| \cdot |\overrightarrow{AC}|} =$

$= \dfrac{\_\_\_\_ + \_\_\_\_}{\_\_\_\_ \cdot \_\_\_\_} = \_\_\_\_$

$\Rightarrow \quad \alpha = \_\_\_\_$

- $\overrightarrow{BA} = \left(\frac{\quad}{\quad}\right)$; $\overrightarrow{BC} = \left(\frac{\quad}{\quad}\right)$

$\Rightarrow \cos\beta = \dfrac{\overrightarrow{BA} \circ \overrightarrow{BC}}{|\overrightarrow{BA}| \cdot |\overrightarrow{BC}|} =$

$= \dfrac{\_\_\_\_}{\_\_\_\_} = \_\_\_\_$

$\Rightarrow \quad \beta = \_\_\_\_$

- $\overrightarrow{CA} = \left(\frac{\quad}{\quad}\right)$; $\overrightarrow{CB} = \left(\frac{\quad}{\quad}\right)$

$\Rightarrow \cos\gamma = \dfrac{\overrightarrow{CA} \circ \overrightarrow{CB}}{|\overrightarrow{CA}| \cdot |\overrightarrow{CB}|} =$

$= \dfrac{\_\_\_\_}{\_\_\_\_} = \_\_\_\_$

$\Rightarrow \quad \gamma = \_\_\_\_$

Als Probe kannst du die Winkelsumme im Dreieck bilden.

Vektorielle Addition von Geschwindigkeiten

Beispiel

Ein Flugzeug mit der Eigengeschwindigkeit von b = 720 km/h soll genau nach Osten fliegen. Welchen Kurs muß das Flugzeug steuern, wenn ein Wind in Süd-West-Richtung mit der Geschwindigkeit von a = 12 m/sec weht? Wie groß ist die Geschwindigkeit in östlicher Richtung? In Figur 80 erkennst du den gesuchten Winkel α, der den Kurs des Flugzeugs festlegt.

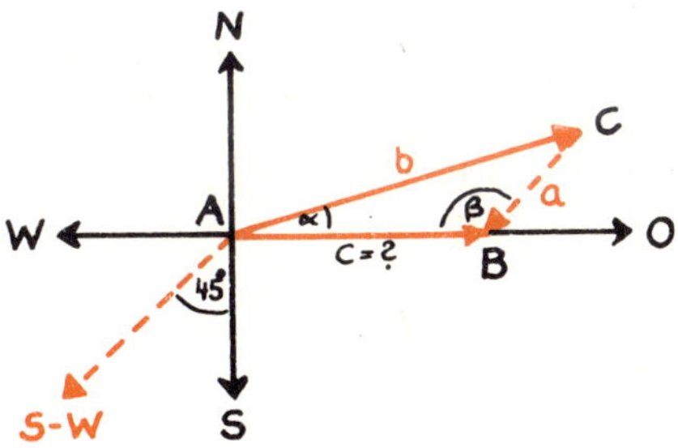

Figur 80

- Im Dreieck ABC sind die gegebenen Stücke mit Farbe eingetragen; dazu gehört auch der Winkel β, da BC parallel zur Süd-West-Richtung verläuft:

$\beta = \_\_\_\_^\circ$

- Damit die Geschwindigkeitsbenennungen übereinstimmen, verwandle b:

$b = 720 \dfrac{\text{km}}{\text{h}} = 720 \cdot \dfrac{1000\,\text{m}}{\_\_\_\_\ \text{sec}} =$

$= \_\_\_\_ \dfrac{\text{m}}{\text{sec}}$

Vektorrechnung

Für die weiteren Berechnungen kannst du die Größen a und b ohne Benennungen einsetzen.

- Vervollständige den Sinussatz, löse ihn auf nach $\sin\alpha$ und berechne die Größe des gesuchten Winkels α:

$$\frac{\sin\alpha}{\sin\beta} = \frac{\underline{\quad}}{\underline{\quad}}$$

$$\Rightarrow \sin\alpha = \frac{\underline{\quad}}{\underline{\quad}} \cdot \sin\beta$$

$$\Rightarrow \sin\alpha = \underline{\qquad} \cdot \underline{\qquad} = \underline{\qquad}$$

$$\Rightarrow \quad \alpha = \underline{\qquad}$$

Der Kurs des Flugzeugs beträgt ______ Grad zur östlichen Richtung.

- Damit gilt für den dritten Winkel:

$\gamma = \underline{\qquad}$

- Berechne mit Hilfe des __________-satzes c:

$$c^2 = \underline{\quad}^2 + \underline{\quad}^2 - 2 \cdot \underline{\quad} \cdot \underline{\quad} \cdot \cos \underline{\quad}$$

$$\Rightarrow c^2 = \underline{\quad} + \underline{\quad} - 2 \cdot \underline{\quad} \cdot \underline{\quad} \cdot \underline{\quad} =$$

$$= \underline{\qquad}$$

$$\Rightarrow c = \underline{\qquad}$$

Die Geschwindigkeit in östlicher Richtung beträgt ______ m/sec.

(59) Ein Flugzeug steuert in Richtung Nord-Ost und hat eine Geschwindigkeit von 200 m/sec. Es weht ein Höhenwind aus 100° mit 25 m/sec. *)

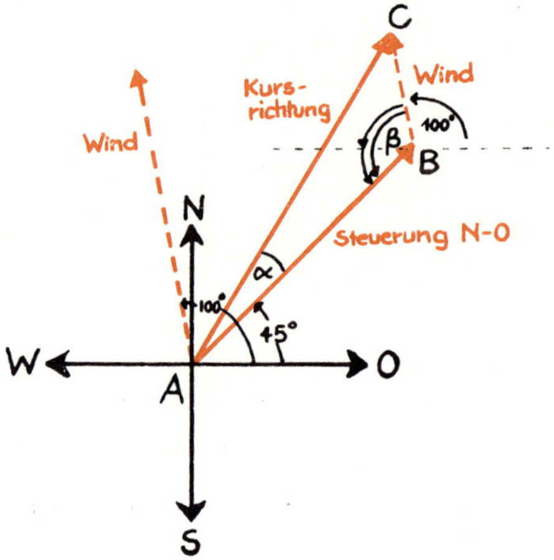

Figur 81

Berechne die Größe des Winkels α und damit den Kurs des Flugzeugs.

---

*) zitiert nach:
Freie Hansestadt Bremen, Lehrplanentwurf, Mathematik Realschulen, Klasse 10, März 82.

Stichwortverzeichnis

Stichwortverzeichnis

Notizen

Mentor Lernhilfe
Band 45
Mathematik

Lösungsteil zu
Geometrie für die 9./10. Klasse, 2

Von Rolf Baumann

Trigonometrie

Seite 7

- Die beiden Dreiecke $\triangle ZPQ$ und $\triangle ZP'Q'$ sind ähnlich zueinander.
- Die Strecke $[PQ]$ und ihre Bildstrecke $[P'Q']$ verlaufen parallel zueinander.
- In ähnlichen Figuren sind die entsprechenden Winkel gleich groß.
- In ähnlichen Figuren stehen die Längen entsprechender Seiten im selben Verhältnis.

Seite 8

Für den Winkel β heißt **b** Gegenkathete und **a** Ankathete.

In Figur 3 gilt:

- $\triangle ZA_1X_1 \sim \triangle ZA_2X_2 \sim \triangle ZA_3X_3 \sim \sim \triangle ZA_4X_4$

In Figur 4 gilt:

- $\triangle ZB_1X_1 \sim \triangle ZB_2X_2 \sim \triangle ZB_3X_3 \sim \sim \triangle ZB_4X_4$

In Figur 5 gilt:

- $\triangle ZC_1X_1 \sim \triangle ZC_2X_2 \sim \triangle ZC_3X_3 \sim \sim \triangle ZC_4X_4$

... gilt für die Winkel bei Z jeweils:

- die waagerechten Seiten sind Ankatheten;
- die senkrechten Seiten sind Gegenkatheten.

Die Seite, die dem rechten Winkel gegenüberliegt, heißt Hypotenuse.

Seite 9

Sinus

Für Figur 3 gilt:

$$\frac{\overline{A_1X_1}}{\overline{ZX_1}} = \frac{\overline{A_2X_2}}{\overline{ZX_2}} = \frac{\overline{A_3X_3}}{\overline{ZX_3}} = \frac{\overline{A_4X_4}}{\overline{ZX_4}}$$

Für Figur 4 gilt:

$$\frac{\overline{B_1X_1}}{\overline{ZX_1}} = \frac{\overline{B_2X_2}}{\overline{ZX_2}} = \frac{\overline{B_3X_3}}{\overline{ZX_3}} = \frac{\overline{B_4X_4}}{\overline{ZX_4}}$$

Für Figur 5 gilt:

$$\frac{\overline{C_1X_1}}{\overline{ZX_1}} = \frac{\overline{C_2X_2}}{\overline{ZX_2}} = \frac{\overline{C_3X_3}}{\overline{ZX_3}} = \frac{\overline{C_4X_4}}{\overline{ZX_4}}$$

Der Wert des Quotienten hängt jeweils nur von der Größe des Winkels bei Z ab;

Für die speziellen Winkel der Figuren 3–5:

$$\sin 30° = \frac{\overline{A_4X_4}}{\overline{ZX_4}} = \frac{3\text{ cm}}{6\text{ cm}} = 0{,}50$$

$$\sin 45° = \frac{\overline{B_4X_4}}{\overline{ZX_4}} = \frac{4{,}2\text{ cm}}{6\text{ cm}} = 0{,}70$$

$$\sin 60° = \frac{\overline{C_4X_4}}{\overline{ZX_4}} = \frac{5{,}2\text{ cm}}{6\text{ cm}} = 0{,}86$$

Kosinus

Für Figur 3 gilt auch:

$$\frac{\overline{ZA_1}}{\overline{ZX_1}} = \frac{\overline{ZA_2}}{\overline{ZX_2}} = \frac{\overline{ZA_3}}{\overline{ZX_3}} = \frac{\overline{ZA_4}}{\overline{ZX_4}}$$

Für Figur 4 gilt auch:

$$\frac{\overline{ZB_1}}{\overline{ZX_1}} = \frac{\overline{ZB_2}}{\overline{ZX_2}} = \frac{\overline{ZB_3}}{\overline{ZX_3}} = \frac{\overline{ZB_4}}{\overline{ZX_4}}$$

Für Figur 5 gilt auch:

$$\frac{\overline{ZC_1}}{\overline{ZX_1}} = \frac{\overline{ZC_2}}{\overline{ZX_2}} = \frac{\overline{ZC_3}}{\overline{ZX_3}} = \frac{\overline{ZC_4}}{\overline{ZX_4}}$$

Auch der Wert dieses Quotienten hängt jeweils wieder nur von der Größe des Winkels bei Z ab;

Für die speziellen Winkel der Figuren 3–5:

$$\cos 30° = \frac{\overline{ZA_4}}{\overline{ZX_4}} = \frac{5{,}2\,\text{cm}}{6\,\text{cm}} = 0{,}86$$

Seite 10

$$\cos 45° = \frac{\overline{ZB_4}}{\overline{ZX_4}} = \frac{4{,}2\,\text{cm}}{6\,\text{cm}} = 0{,}70$$

$$\cos 60° = \frac{\overline{ZC_4}}{\overline{ZX_4}} = \frac{3\,\text{cm}}{6\,\text{cm}} = 0{,}50$$

Tangens

Für die ähnlichen Dreiecke der Figuren 3–5 gilt:

$$\frac{\overline{A_1X_1}}{\overline{ZA_1}} = \frac{\overline{A_2X_2}}{\overline{ZA_2}} = \frac{\overline{A_3X_3}}{\overline{ZA_3}} = \frac{\overline{A_4X_4}}{\overline{ZA_4}}$$

$$\frac{\overline{B_1X_1}}{\overline{ZB_1}} = \frac{\overline{B_2X_2}}{\overline{ZB_2}} = \frac{\overline{B_3X_3}}{\overline{ZB_3}} = \frac{\overline{B_4X_4}}{\overline{ZB_4}}$$

$$\frac{\overline{C_1X_1}}{\overline{ZC_1}} = \frac{\overline{C_2X_2}}{\overline{ZC_2}} = \frac{\overline{C_3X_3}}{\overline{ZC_3}} = \frac{\overline{C_4X_4}}{\overline{ZC_4}}$$

$$\tan 30° = \frac{\overline{A_4X_4}}{\overline{ZA_4}} = \frac{3\,\text{cm}}{5{,}2\,\text{cm}} = 0{,}57$$

$$\tan 45° = \frac{\overline{B_4X_4}}{\overline{ZB_4}} = \frac{4{,}2\,\text{cm}}{4{,}2\,\text{cm}} = 1{,}00$$

$$\tan 60° = \frac{\overline{C_4X_4}}{\overline{ZC_4}} = \frac{5{,}2\,\text{cm}}{3\,\text{cm}} = 1{,}73$$

$$\cos\alpha = \frac{b}{c};$$

$$\sin\beta = \frac{b}{c}; \cos\beta = \frac{a}{c};$$

$$\tan\beta = \frac{b}{a}$$

- $\sin\alpha = \cos\beta$ und
- $\cos\alpha = \sin\beta$

Seite 11

1. Beispiel

a) $\ldots \Rightarrow a = c \cdot \sin\alpha$

$\Rightarrow a = 7\,\text{cm} \cdot 0{,}50 = 3{,}5\,\text{cm}$

b) $\ldots \Rightarrow b = c \cdot \cos\alpha$

$\Rightarrow b = 7\,\text{cm} \cdot 0{,}86 = 6{,}02\,\text{cm}$

1. Probe:

$$\ldots \Rightarrow b = \frac{a}{\tan\alpha}$$

$$\Rightarrow b = \frac{3{,}5\,\text{cm}}{0{,}57} = 6{,}14\,\text{cm}$$

2. Probe:

$\ldots \Rightarrow b^2 = c^2 - a^2$

$\Rightarrow b^2 = 49\,\text{cm}^2 - 12{,}25\,\text{cm}^2 =$

$= 36{,}75\,\text{cm}^2$

$\Rightarrow b = 6{,}06\,\text{cm}$

(Da wir alle Zwischenergebnisse nur auf zwei Kommastellen berücksichtigen, ergeben sich geringfügige Unterschiede bei den verschiedenen Rechenwegen.)

Seite 12

2. Beispiel

a)

- ... den Kosinuswert des Winkels α berechnen:

$$\cos\alpha = \frac{b}{c} = \frac{4\,\text{cm}}{8\,\text{cm}} = 0{,}50$$

$\Rightarrow \quad \alpha = 60°.$

b) $\sin\alpha = \frac{a}{c} \Rightarrow a = c \cdot \sin\alpha$

$\Rightarrow \quad a = 8\,\text{cm} \cdot 0{,}86 = 6{,}88\,\text{cm}$

3. Beispiel

$\cos\alpha = \dfrac{b}{c}$

$\dfrac{\sin\alpha}{\cos\alpha} = \sin\alpha : \cos\alpha =$

$= \dfrac{a}{c} : \dfrac{b}{c} =$

$= \dfrac{a}{c} \cdot \dfrac{c}{b} = \dfrac{a}{b}$

① $\tan\alpha = \dfrac{a}{b} = \dfrac{5\,\text{cm}}{2{,}88\,\text{cm}} = 1{,}73$

$\Rightarrow \quad \alpha = 60°$

- $\beta = 180° - 60° - 90° = 30°$
- $c^2 = a^2 + b^2 \Rightarrow c = 5{,}77\,\text{cm}$

② $\sin\alpha = \dfrac{a}{c}$ und $\cos\alpha = \dfrac{b}{c}$

$\left(\dfrac{a}{c}\right)^2 + \left(\dfrac{b}{c}\right)^2 =$

$= \dfrac{a^2}{c^2} + \dfrac{b^2}{c^2} = \dfrac{a^2 + b^2}{c^2} = 1$

Seite 14

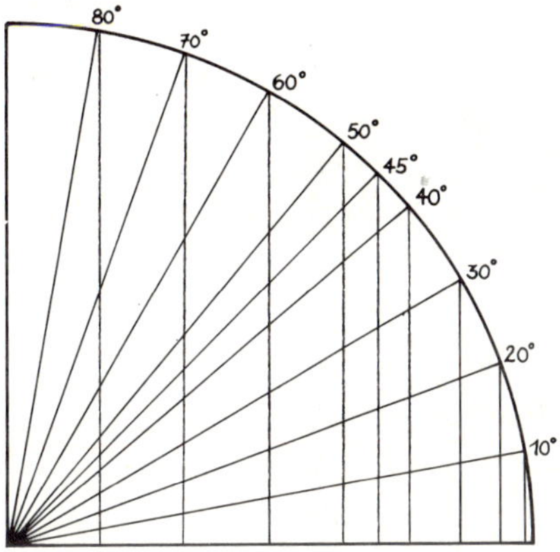

Figur 6

Winkel	10°	20°	30°	40°	45°	50°	60°	70°	80°
Gegen-kathete in cm	1,73	3,42	5,00	6,42	7,07	7,66	8,66	9,39	9,84
An-kathete in cm	9,84	9,39	8,66	7,66	7,07	6,42	5,00	3,42	1,73
Hypote-nuse in cm	10	10	10	10	10	10	10	10	10
$\sin\varphi$	0,17	0,34	0,50	0,64	0,70	0,76	0,86	0,93	0,98
$\cos\varphi$	0,98	0,93	0,86	0,76	0,70	0,64	0,50	0,34	0,17
$\tan\varphi$	0,17	0,36	0,57	0,83	1,00	1,19	1,73	2,74	5,68

Seite 15

- Dem rechten Winkel $\varphi = 90°$ entspricht das Bogenmaß $x = \frac{2 \cdot \pi}{4} = 1{,}57$
- Dem Winkel $\varphi = 45°$ entspricht das Bogenmaß $x = \frac{2 \cdot \pi}{8} = 0{,}78$
- Dem Winkel $\varphi = 60°$ entspricht das Bogenmaß $x = \frac{2 \cdot \pi}{6} = 1{,}04$
- Dem Winkel $\varphi = 30°$ entspricht das Bogenmaß $x = \frac{2 \cdot \pi}{12} = 0{,}52$

Seite 16

Sinusfunktion

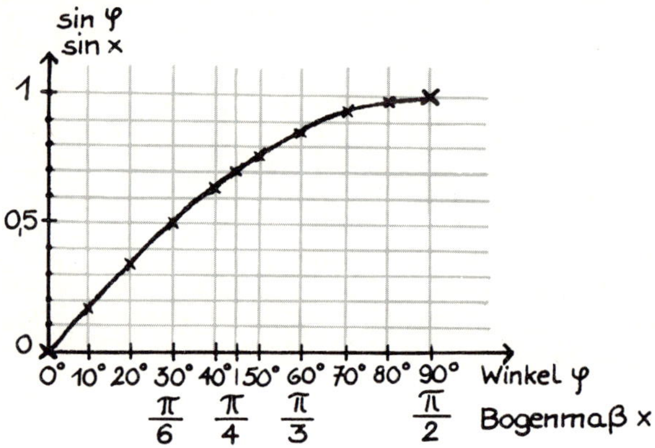

Figur 8

Kosinusfunktion

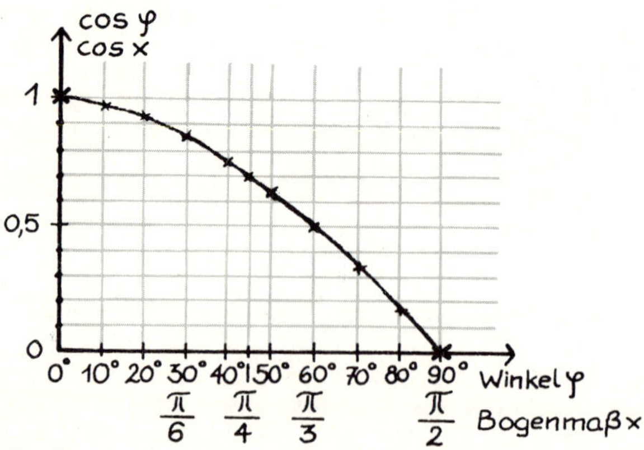

Figur 9

Seite 17

Tangensfunktion

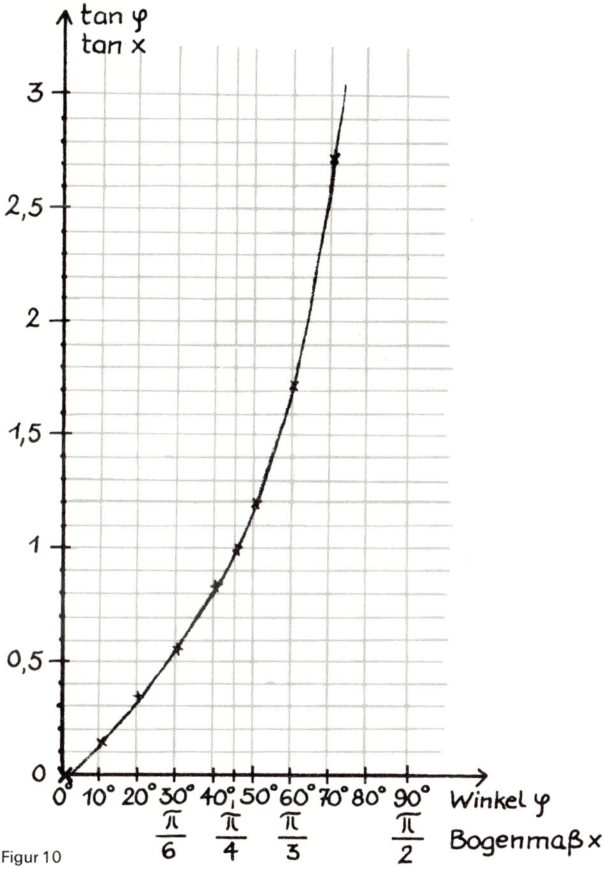

Figur 10

Seite 19

- $\cos\varphi = \sqrt{1 - (\sin\varphi)^2}$

  $\sin 15° = \sqrt{1 - 0{,}9659^2} = 0{,}2589$

  $\cos 23° = \sqrt{1 - 0{,}3907^2} = 0{,}9205$

  $\sin 49° = \sqrt{1 - 0{,}6561^2} = 0{,}7547$

  $\cos 77° = \sqrt{1 - 0{,}9744^2} = 0{,}2248$

- $\tan 18° = \dfrac{0{,}3090}{0{,}9511} = 0{,}3249$

  $\tan 54° = \dfrac{0{,}8090}{0{,}5878} = 1{,}3763$

  $\tan 87° = \dfrac{0{,}9986}{0{,}0523} = 19{,}09$

Seite 20

Für Figur 11 gilt:

$\cos\varphi = \frac{y}{z}$; $\tan\varphi = \frac{x}{y}$;

$\sin\psi = \frac{y}{z}$; $\cos\psi = \frac{x}{z}$;

$\tan\psi = \frac{y}{x}$.

Beispiele

1) $\tan\psi = \frac{12\,\text{cm}}{9\,\text{cm}} = 1{,}333$

$\Rightarrow \psi = 53°$

$\Rightarrow \varphi = 37°$ (Winkelsumme)

2) $\sin\varphi = \frac{x}{z} \Rightarrow z = \frac{x}{\sin\varphi}$

$\Rightarrow z = \frac{7\,\text{cm}}{0{,}6428} = 10{,}88\,\text{cm}$

$\tan\varphi = \frac{x}{y} \Rightarrow y = \frac{x}{\tan\varphi}$

$\Rightarrow y = \frac{7\,\text{cm}}{0{,}8391} = 8{,}34\,\text{cm}$

(3)

$\cos\varphi = \frac{y}{z} = \frac{13\,\text{cm}}{20\,\text{cm}} = 0{,}65$

$\Rightarrow \varphi = 49°$

$\Rightarrow \psi = 41°$

$z = \sqrt{x^2 + y^2} = 23{,}85\,\text{cm}$

Seite 21

1. Beispiel

a)

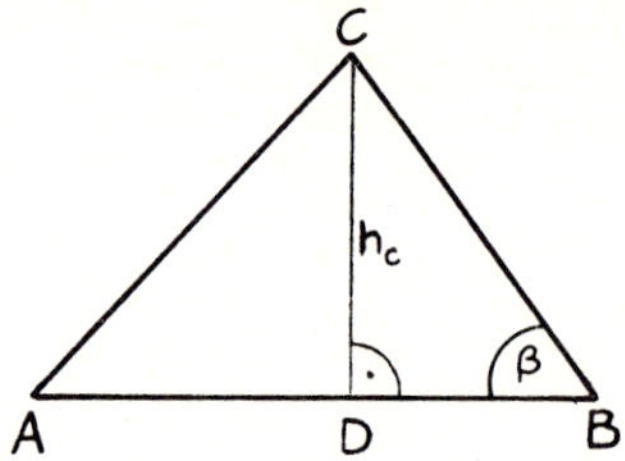

Figur 12

b)

- ... da bei D ein rechter Winkel liegt, und β, sowie $\overline{BC}$ bekannt sind:

$\sin\beta = \frac{h_c}{\overline{BC}} \Rightarrow h_c = \overline{BC} \cdot \sin\beta$

$\Rightarrow h_c = 11{,}4\,\text{km} \cdot 0{,}8090 = 9{,}22\,\text{km}$

$\cos\beta = \frac{\overline{BD}}{\overline{BC}} \Rightarrow \overline{BD} = \overline{BC} \cdot \cos\beta$

$\Rightarrow \overline{BD} = 11{,}4\,\text{km} \cdot 0{,}5878 = 6{,}70\,\text{km}$

- $\overline{AD} = \overline{AB} - \overline{BD} = 9{,}8\,\text{km} - 6{,}7\,\text{km} =$

$= 3{,}1\,\text{km}$

- $\overline{AC} = \sqrt{h_c^2 + AD^2} = 9{,}72\,\text{km}$

..... beträgt 9,72 km.

c) $A_{\triangle ABC} = \frac{\overline{AB} \cdot h_c}{2}$

$\Rightarrow A_{\triangle ABC} = \frac{9{,}8\,\text{km} \cdot 9{,}22\,\text{km}}{2} = 45{,}17\,\text{km}^2$

Seite 22

2. Beispiel

a)

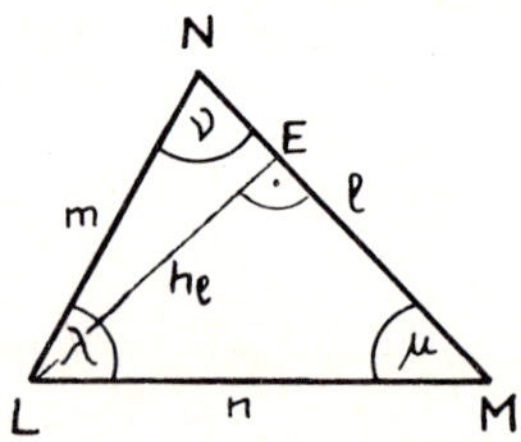

Figur 13

b)

- Im rechtwinkligen Dreieck $\triangle$ LEN läßt sich h_l berechnen:

$$\sin \nu = \frac{h_l}{m} \Rightarrow h_l = m \cdot \sin \nu$$

$$\Rightarrow h_l = 5\,cm \cdot 0{,}9848 = 4{,}92\,cm$$

- $\mu = 180° - 80° - 40° = 60°$

$$\sin \mu = \frac{h_l}{n} \Rightarrow n = \frac{h_l}{\sin \mu}$$

$$\Rightarrow n = \frac{4{,}92\,cm}{0{,}8660} = 5{,}68\,cm$$

3. Beispiel

- $\varphi = \frac{360°}{9} = 40°$

Seite 23

- Da das Dreieck ABM gleichschenklig ist, sind die beiden Winkel α und β gleich, mit $\alpha = \beta = 70°$
- Da der Punkt L die Basis [AB] halbiert, …

$$\tan \alpha = \frac{h}{\frac{s}{2}} \Rightarrow h = \frac{s}{2} \cdot \tan \alpha$$

$$\Rightarrow \quad h = 2{,}5\,cm \cdot 2{,}747 = 6{,}86\,cm$$

- $A = 9 \cdot \frac{s \cdot h}{2} = 154{,}35\,cm^2$

(4)

$$\sin \gamma = \frac{h_b}{a} \Rightarrow h_b = a \cdot \sin \gamma$$

$$\Rightarrow \quad h_b = 10\,cm \cdot 0{,}7660 = 7{,}66\,cm$$

$$\cos \gamma = \frac{\overline{FC}}{a} \Rightarrow \overline{FC} = a \cdot \cos \gamma$$

$$\Rightarrow \quad \overline{FC} = 10\,cm \cdot 0{,}6428 = 6{,}42\,cm$$

$$\overline{AF} = b - \overline{FC} = 1{,}58\,cm$$

$$c = \sqrt{h_b^2 + \overline{AF}^2} = 7{,}82\,cm$$

(5)

a) $\sin \beta = \frac{h_a}{\overline{AB}} \Rightarrow h_a = \overline{AB} \cdot \sin \beta$

$$\Rightarrow \quad h_a = 120\,m \cdot 0{,}7660 = 91{,}92\,m$$

$$\sphericalangle BAE = 180° - 90° - 50° = 40°$$

$$\sphericalangle EAC = \alpha - 40° = 30°$$

$$\cos 30° = \frac{h_a}{\overline{AC}} \Rightarrow \overline{AC} = \frac{h_a}{\cos 30°}$$

$$\Rightarrow \quad \overline{AC} = \frac{91{,}92\,m}{0{,}8660} = 106{,}14\,m$$

b)

- … b stimmt mit h_c überein.
- … Dreieckshöhe $\overline{CD}$ im Teildreieck ADC berechnen.

$$\sin \alpha = \frac{\overline{CD}}{\overline{AC}} \Rightarrow \overline{CD} = \overline{AC} \cdot \sin \alpha$$

$$\Rightarrow \quad \overline{CD} = 106{,}14\,m \cdot 0{,}9397 = 99{,}73\,m$$

Seite 24

(6) Im Dreieck ABM gilt:

Winkel bei M beträgt $\frac{360°}{5} = 72°$.

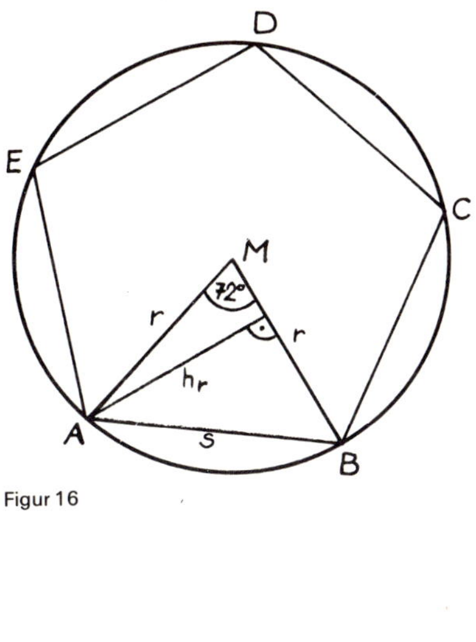

Figur 16

$h_r = r \cdot \sin 72° = 2{,}85\,\text{cm}$

$A = 5\,\dfrac{h_r \cdot r}{2} = 21{,}37\,\text{cm}^2$

Sinussatz

$\sin\gamma = \dfrac{h_a}{b} \Rightarrow h_a = b \cdot \sin\gamma$

$\sin\beta = \dfrac{h_a}{c} \Rightarrow h_a = c \cdot \sin\beta$

● $b \cdot \sin\gamma = c \cdot \sin\beta$

$\sin\beta = \dfrac{h_c}{a} \Rightarrow h_c = a \cdot \sin\beta$

$\sin\alpha = \dfrac{h_c}{b} \Rightarrow h_c = b \cdot \sin\alpha$

● $a \cdot \sin\beta = b \cdot \sin\alpha$

Seite 25

Beispiel

$$b = \frac{c \cdot \sin\beta}{\sin\gamma}$$

$$\Rightarrow b = \frac{6\,\text{cm} \cdot 0{,}7431}{0{,}9659} = 4{,}61\,\text{cm}$$

$$\alpha = 57°$$

$$a = \frac{c \cdot \sin\alpha}{\sin\gamma}$$

$$\Rightarrow a = \frac{6\,\text{cm} \cdot 0{,}8387}{0{,}9659} = 5{,}20\,\text{cm}$$

(7)

$$\sin\alpha = \frac{\sin\gamma \cdot a}{c}$$

$$\Rightarrow \sin\alpha = \frac{0{,}7660 \cdot 5\,\text{cm}}{7\,\text{cm}} = 0{,}5471$$

$$\Rightarrow \quad \alpha = 33°$$

Seite 26

Kosinussatz

$\cos\beta = \dfrac{\overline{BD}}{a} \Rightarrow \overline{BD} = a \cdot \cos\beta$

$\sin\beta = \dfrac{h_c}{a} \Rightarrow h_c = a \cdot \sin\beta$

$$\begin{aligned} b^2 &= h_c^2 + \overline{AD}^2 = \\ &= h_c^2 + (c - \overline{BD})^2 = \\ &= (a \cdot \sin\beta)^2 + (c - a \cdot \cos\beta)^2 = \\ &= a^2 \cdot \sin^2\beta + c^2 - 2 \cdot c \cdot a \cdot \cos\beta + a^2 \cdot \cos^2\beta = \\ &= a^2 \cdot (\sin^2\beta + \cos^2\beta) + c^2 - 2 \cdot c \cdot a \cdot \cos\beta = \\ &= a^2 + c^2 - 2 \cdot a \cdot c \cdot \cos\beta \end{aligned}$$

Seite 27

Beispiele

1.

$$\begin{aligned} b^2 &= (11{,}4\,\text{km})^2 + (9{,}8\,\text{km})^2 - 2 \cdot 11{,}4\,\text{km} \cdot 9{,}8\,\text{km} \cdot 0{,}5878 = \\ &= 94{,}66\,\text{km}^2 \\ b &= 9{,}72\,\text{km} \end{aligned}$$

2.

a) $\cos\alpha = \dfrac{b^2 + c^2 - a^2}{2 \cdot b \cdot c}$

$\Rightarrow \cos\alpha = \dfrac{49 + 169 - 100}{2 \cdot 7 \cdot 13} = 0{,}6484$

$\alpha = 50°$

b) $\dfrac{\sin\beta}{b} = \dfrac{\sin\alpha}{a}$

$\Rightarrow \sin\beta = \dfrac{b \cdot \sin\alpha}{a}$

$\Rightarrow \sin\beta = \dfrac{7\,\text{cm} \cdot 0{,}7660}{10\,\text{cm}} = 0{,}5362$

$\Rightarrow \quad \beta = 32°$

⑧

$\dfrac{\sin\alpha}{a} = \dfrac{\sin\gamma}{c}$

$\Rightarrow \sin\alpha = \dfrac{a \cdot \sin\gamma}{c}$

$\Rightarrow \sin\alpha = \dfrac{6\,\text{cm} \cdot 0{,}9848}{11\,\text{cm}} = 0{,}5372$

$\Rightarrow \quad \alpha = 32°$

$\beta = 180° - 32° - 80° = 68°$

Kosinussatz:

$b^2 = 36 + 121 - 2 \cdot 6 \cdot 11 \cdot 0{,}3746 =$

$= 107{,}55 \Rightarrow$

$b = 10{,}37\,\text{cm}$

⑨

Kosinussatz mit den Bezeichnungen, die in der Aufgabenstellung gegeben sind:

$r^2 = s^2 + t^2 - 2 \cdot s \cdot t \cdot \cos\varrho$

$\Rightarrow \cos\varrho = \dfrac{s^2 + t^2 - r^2}{2 \cdot s \cdot t}$

$\Rightarrow \cos\varrho = \dfrac{64 + 121 - 25}{2 \cdot 8 \cdot 11} = 0{,}9091$

$\Rightarrow \quad \varrho = 25°$

Sinussatz:

$\dfrac{\sin\sigma}{s} = \dfrac{\sin\varrho}{r}$

$\Rightarrow \sin\sigma = \dfrac{s \cdot \sin\varrho}{r} = 0{,}6762$

$\Rightarrow \quad \sigma = 43°$

$\Rightarrow \quad \tau = 112°$

Seite 28

Beispiel

- $\gamma = 65°$

  $\dfrac{a}{c} = \dfrac{\sin\alpha}{\sin\gamma}$

  $\Rightarrow a = \dfrac{\sin\alpha}{\sin\gamma} \cdot c = 37{,}62\,\text{m}$

- Im rechtwinkligen Dreieck BCF gilt:

  $\sin\beta = \dfrac{h}{a}$

  $\Rightarrow h = a \cdot \sin\beta = 35{,}77\,\text{m}$

⑩

- Im Dreieck ABD läßt sich AD mit dem Sinussatz berechnen; mit

  $\delta_2 = 180° - \alpha_2 - \beta_2 = 60°$

  ergibt sich:

  $\dfrac{\overline{AD}}{\overline{AB}} = \dfrac{\sin\beta_2}{\sin\delta_2}$

  $\Rightarrow \overline{AD} = \overline{AB} \cdot \dfrac{\sin\beta_2}{\sin\delta_2} = 331{,}15\,\text{m}$

Seite 29

- Im Dreieck ABC läßt sich $\overline{AC}$ mit dem Sinussatz berechnen; mit

  $\gamma_1 = 180° - \alpha_1 - \beta_1 = 55°$

  ergibt sich:

  $$\frac{\overline{AC}}{\overline{AB}} = \frac{\sin\beta_1}{\sin\gamma_1}$$

  $$\Rightarrow \overline{AC} = \overline{AB} \cdot \frac{\sin\beta_1}{\sin\gamma_1} = 601{,}11\ \text{m}$$

- Im Dreieck ACD läßt sich die gesuchte Länge der Strecke $\overline{CD}$ mit dem Kosinussatz berechnen; mit

  $\alpha = \alpha_2 - \alpha_1 = 40°$

  ergibt sich:

  $$\overline{CD}^2 = \overline{AD}^2 + \overline{AC}^2 - 2 \cdot \overline{AD} \cdot \overline{AC} \cdot \cos\alpha = 166019{,}65\ \text{m}^2$$

  $$\Rightarrow \overline{CD} = 407{,}45\ \text{m}$$

Neigungswinkel

1. Beispiel

$$\tan\varphi = \frac{10\ \text{cm}}{3\ \text{cm}} = 3{,}333$$

$$\Rightarrow \varphi = 73°$$

Seite 30

2. Beispiel

$$d = \sqrt{144\ \text{cm}^2 + 25\ \text{cm}^2} = 13\ \text{cm}$$

$$\Rightarrow \tan\psi = \frac{h}{\frac{d}{2}} = 2{,}769$$

$$\Rightarrow \psi = 70°$$

(11)

a)

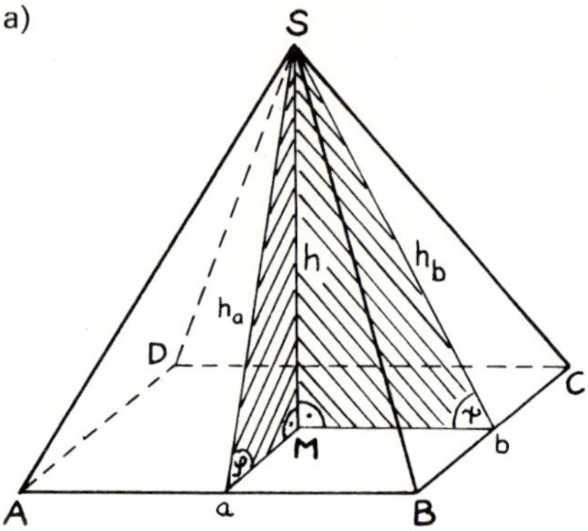

Figur 24

Seite 31

b) $$\tan\varphi = \frac{h}{\frac{b}{2}} = 7{,}5$$

$$\Rightarrow \varphi = 82°$$

c) $$\tan\psi = \frac{h}{\frac{a}{2}} = 3$$

$$\Rightarrow \psi = 72°$$

d) $$\sin\varphi = \frac{h}{h_a}$$

$$\Rightarrow h_a = \frac{h}{\sin\varphi} = 15{,}14\ \text{cm}$$

bzw. genauer:

$$h_a = \sqrt{\left(\frac{b}{2}\right)^2 + h^2} = 15{,}13\ \text{cm}$$

e) $\cos\psi = \dfrac{\frac{a}{2}}{h_b}$

$\Rightarrow \quad h_b = \dfrac{\frac{a}{2}}{\cos\psi} = 16{,}18\,\text{cm}$

bzw. genauer:

$h_b = \sqrt{(\tfrac{a}{2})^2 + h^2} = 15{,}81\ \text{cm}$

f) $M = 2 \cdot \dfrac{a \cdot h_a}{2} + 2 \cdot \dfrac{b \cdot h_b}{2} = 216{,}12\,\text{cm}^2$

(12)

$\tan\varphi = \dfrac{h}{r} = 2{,}333$

$\Rightarrow \quad \varphi = 67°$

(13)

a) $\overline{AE'} = \dfrac{1}{2} \cdot (\overline{AC} - \overline{E'G'})$

$\overline{E'G'} = \overline{EG} = d \cdot \sqrt{2} = 8{,}48\,\text{cm}$

$\overline{AC} = g \cdot \sqrt{2} = 14{,}14\,\text{cm}$

$\overline{AE'} = \dfrac{1}{2} \cdot (14{,}14\,\text{cm} - 8{,}48\,\text{cm}) =$

$= 2{,}83\,\text{cm}$

$\tan\alpha = \dfrac{h}{\overline{AE'}} = 4{,}24$

$\Rightarrow \quad \alpha = 77°$

b) $\overline{IK'} = \dfrac{1}{2} \cdot (g - d) = 2\,\text{cm}$

$\tan\beta = \dfrac{h}{\overline{IK'}} = 6$

$\Rightarrow \quad \beta = 81°$

Seite 32

c) $\tan\alpha = \dfrac{\overline{SM}}{\overline{EM}}$

$\Rightarrow \quad \overline{SM} = \overline{EM} \cdot \tan\alpha = 18{,}36\,\text{cm}$

$\cos\alpha = \dfrac{\overline{EM}}{\overline{ES}}$

$\Rightarrow \quad \overline{ES} = \dfrac{\overline{EM}}{\cos\alpha} = 18{,}84\,\text{cm}$

(14)

a) $r = \sqrt{\dfrac{A_0}{\pi}} = 2{,}52\,\text{m}$

b) $h = r \cdot \tan\varphi = 1{,}57\,\text{m}$

c) $V = \dfrac{1}{3} \cdot A_0 \cdot h = 10{,}46\,\text{m}^3$

d) $m = \varrho \cdot V = 15{,}69\,\text{t}$

Seite 33

(15)

$$\left.\begin{array}{ll} \text{I} & \tan\alpha = \dfrac{x}{d} \Rightarrow d = \dfrac{x}{\tan\alpha} \\ \text{II} & \tan\beta = \dfrac{k+x}{d} \Rightarrow d = \dfrac{k+x}{\tan\beta} \end{array}\right\} \Rightarrow$$

$\Rightarrow \dfrac{x}{\tan\alpha} = \dfrac{k+x}{\tan\beta}$

$\Rightarrow x \cdot \tan\beta = k \cdot \tan\alpha + x \cdot \tan\alpha$

$\Rightarrow x \cdot (\tan\beta - \tan\alpha) = k \cdot \tan\alpha$

$\Rightarrow x = \dfrac{k \cdot \tan\alpha}{\tan\beta - \tan\alpha} = 75{,}08\,\text{m}$

$\Rightarrow$ Die Höhendifferenz der beiden Berggipfel beträgt 75 m.

Seite 34

Winkelfunktionen

φ	0°–90° I. Quadrant	90°–180° II. Quadrant	180°–270° III. Quadrant	270°–360° IV. Quadrant
$\sin\varphi$	+	+	–	–
$\cos\varphi$	+	–	–	+

$\sin 180° = 0$; $\cos 180° = -1$;
$\sin 270° = -1$; $\cos 270° = 0$;
$\sin 360° = 0$; $\cos 360° = 1$.

Seite 35

- da P_2 und P_3 symmetrisch zur x-Achse liegen, gilt für $P_3\ (-x \mid -y)$;
- da P_3 und P_4 symmetrisch zur y-Achse liegen, gilt für $P_4\ (x \mid -y)$.

III. Quadrant: $\alpha_3 = 180° + \alpha_1$
bzw. $\alpha_1 = \alpha_3 - 180°$

IV. Quadrant: $\alpha_4 = 360° - \alpha_1$
bzw. $\alpha_1 = 360° - \alpha_4$

Seite 36

Beispiele

Dem Winkel φ	entspricht der spitze Winkel ψ
$\varphi_2 = 150°$	$\triangleq \psi = 180° - 150° = 30°$
$\varphi_3 = 210°$	$\triangleq \psi = 210° - 180° = 30°$
$\varphi_4 = 330°$	$\triangleq \psi = 360° - 330° = 30°$

Dem Winkel φ	entspricht der spitze Winkel ψ
$\varphi_2 = 110°$	$\triangleq \psi = 180° - 110° = 70°$
$\varphi_3 = 250°$	$\triangleq \psi = 250° - 180° = 70°$
$\varphi_4 = 290°$	$\triangleq \psi = 360° - 290° = 70°$

Seite 37

Beispiele

a) $\sin 150° = +\sin 30° = +0{,}5$

b) $\cos 250° = -\cos(250° - 180°) = -\cos 70° = -0{,}3420$

c) $\sin 300° = -\sin(360° - 300°) = -\sin 60° = -0{,}8660$

d) $\cos\alpha = -0{,}8090$
im II. oder III. Quadranten
mit $\alpha_1 = 180° - 36° = 144°$
und $\alpha_2 = 180° + 36° = 216°$

e) $\sin\beta = -0{,}8090$
im III. oder IV. Quadranten
mit $\beta_1 = 180° + 54° = 234°$
und $\beta_2 = 360° - 54° = 306°$

f) $\sin\gamma = +0{,}2079$
im I. oder II. Quadranten
mit $\gamma_1 = 12°$
und $\gamma_2 = 180° - 12° = 168°$

(16)

a) $\cos 130° = -\cos(180° - 130°) = -0{,}6428$

b) $\sin 230° = -\sin(230° - 180°) = -0{,}7660$

c) $\cos 320° = +\cos(360° - 320°) = +0{,}7660$

d) $\sin 100° = +\sin(180° - 100°) = +0{,}9848$

(17)

a) $\sin\alpha = -0{,}3090$
im III. oder IV. Quadranten
mit $\alpha_1 = 180° + 18° = 198°$
und $\alpha_2 = 360° - 18° = 342°$

Seite 38

b) $\cos\beta = -0{,}3090$
im II. oder III. Quadranten
mit $\beta_1 = 180° - 72° = 108°$
und $\beta_2 = 180° + 72° = 252°$

c) $\cos\gamma = +0{,}6018$
im I. oder IV. Quadranten
mit $\gamma_1 = 53°$
und $\gamma_2 = 360° - 53° = 307°$

φ	$0 < \varphi < 90°$	$90° < \varphi < 180°$	$180° < \varphi < 270°$	$270° < \varphi < 360°$
$\sin\varphi$	+	+	–	–
$\cos\varphi$	+	–	–	+
$\tan\varphi$	+	–	+	–

(18)

a) $\tan 140° = -\tan 40° = -\dfrac{\sin 40°}{\cos 40°} = -0{,}8391$

b) $\tan 190° = +\tan 10° = +\dfrac{\sin 10°}{\cos 10°} = 0{,}1763$

c) $\tan 315° = -\tan 45° = -\dfrac{\sin 45°}{\cos 45°} = -1{,}000$

Seite 39

(19)

a) $\tan\alpha = +0{,}8391$
im I. oder III. Quadranten
mit $\alpha_1 = 40°$
und $\alpha_2 = 220°$

b) $\tan\beta = -0{,}2679$
im II. oder IV. Quadranten
mit $\beta_1 = 165°$
und $\beta_2 = 345°$

Beispiel

- $b = \sqrt{4900\,m^2 - 100\,m^2} = 69{,}28\,m$
- $\tan\alpha = \frac{h}{b} = \frac{10\,m}{69{,}28\,m} = 0{,}1443 = 14{,}43\,\%$

$\Rightarrow$ Die Steigung beträgt 14,43%.

- In der allgemeinen Geradengleichung $y = m \cdot x + t$ ist m die Steigung und t der y-Achsenabschnitt der Geraden.
- Steigungsformel:

$$m = \frac{y_2 - y_1}{x_2 - x_1}$$

Seite 40

- H hat die x-Koordinate von P_2 und die y-Koordinate von P_1
- ... Steigungswinkel bei P_1 nochmals
- $\tan\alpha = \frac{\overline{HP_2}}{\overline{P_1H}} = \frac{y_2 - y_1}{x_2 - x_1}$

Seite 41

- $P_1\,(1\,|-2)$; $P_2\,(5\,|\,6)$; $H\,(5\,|-2)$.

$$\tan\alpha = m = \frac{6 - (-2)}{5 - 1} = 2$$

$\Rightarrow \quad \alpha = 63°$

- Bei fallenden Geraden gilt für den Steigungsfaktor: $m < 0$.
- ... α' tritt beim Punkt P_1 nochmals auf.
- ... Tangenswerte ... nur durch ein Minuszeichen unterscheiden.

$P_1\,(-4\,|\,1)$; $P_2\,(2\,|-1)$.

$$\tan\alpha = m = \frac{-1 - 1}{2 - (-4)} = -\frac{1}{3}$$

$\Rightarrow \quad \alpha = 180° - 18° = 162°$

Seite 42

Beispiel

- $\tan\alpha_2 = 3 \Rightarrow \alpha_2 = 72°$

$\Rightarrow$ Schnittwinkel $\varphi = 72° - 31° = 41°$

(20)

b) $m_1 = \frac{-3 - 1}{2 - (-2)} = -1$

Seite 43

$1 = -1 \cdot (-2) + t_1 \Rightarrow t_1 = -1$

$\Rightarrow \quad y = -x - 1$

c) $m_1 = \tan\alpha_1 = -1$

$\Rightarrow \quad \alpha_1 = 135°$

d) $m_2 = \frac{7 - 1}{1 - (-2)} = 2$

$7 = 2 \cdot 1 + t_2 \Rightarrow t_2 = 5$

$\Rightarrow \quad y = 2 \cdot x + 5$

e) $m_2 = \tan\alpha_2 = 2$

$\Rightarrow \quad \alpha_2 = 63°$

f) $\varphi = 135° - 63° = 72°$

(21)

a) $\cos\alpha = \frac{b^2 + c^2 - a^2}{2 \cdot b \cdot c} = -0{,}3714$

$\Rightarrow \quad \alpha = 112°$

b) $\cos\beta = \dfrac{a^2 + c^2 - b^2}{2 \cdot a \cdot c} = 0{,}76$

$\Rightarrow \quad \beta = 41°$

(22)

a) $\sin\gamma = \dfrac{c \cdot \sin\alpha}{a} = 0{,}7980$

$\Rightarrow \gamma_1 = 53°$ und $\gamma_2 = 127°$

b) $\beta_1 = 107°$ und $\beta_2 = 33°$

$b_1^2 = a^2 + c^2 - 2 \cdot a \cdot c \cdot \cos\beta_1 =$

$= 70{,}27\ \text{cm}^2$

$\Rightarrow b_1 = 8{,}38\ \text{cm}$

$b_2^2 = a^2 + c^2 - 2 \cdot a \cdot c \cdot \cos\beta_2 =$

$= 22{,}77\ \text{cm}^2$

$\Rightarrow b_2 = 4{,}77\ \text{cm}$

Seite 44

Graph der Sinusfunktion

$\varphi = x$	$120° \mathrel{\widehat{=}} \frac{2\pi}{3}$	$135° \mathrel{\widehat{=}} \frac{3\pi}{4}$	$150° \mathrel{\widehat{=}} \frac{5\pi}{6}$	$180° \mathrel{\widehat{=}} \pi$
$\sin\varphi$ $\sin x$	0,86	0,70	0,50	0,00

$\varphi \mathrel{\widehat{=}} x$	$210° \mathrel{\widehat{=}} \frac{7\pi}{6}$	$225° \mathrel{\widehat{=}} \frac{5\pi}{4}$	$240° \mathrel{\widehat{=}} \frac{4\pi}{3}$	$270° \mathrel{\widehat{=}} \frac{3\pi}{2}$
$\sin\varphi$ $\sin x$	– 0,50	– 0,70	– 0,86	– 1,00

$\varphi \mathrel{\widehat{=}} x$	$300° \mathrel{\widehat{=}} \frac{5\pi}{3}$	$315° \mathrel{\widehat{=}} \frac{7\pi}{4}$	$330° \mathrel{\widehat{=}} \frac{11\pi}{6}$	$360° \mathrel{\widehat{=}} 2\pi$
$\sin\varphi$ $\sin x$	– 0,86	– 0,70	– 0,50	0,00

Seite 45

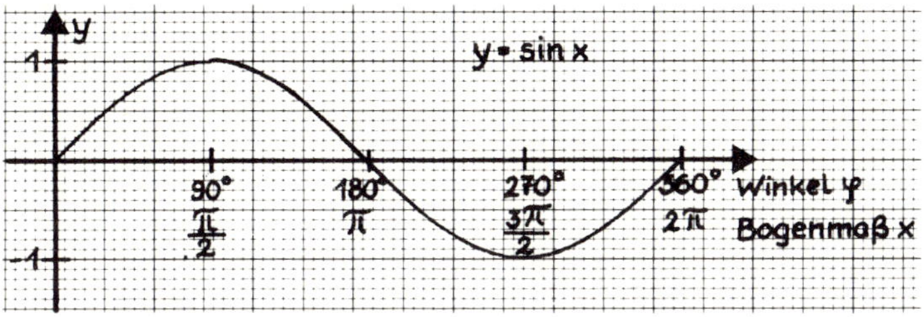

Figur 37a

- Wertebereich der Sinusfunktion:
  $\mathbb{W} = \{y \mid -1 \leqq y \leqq 1\}$
- Nach der Strecke 2π auf der x-Achse wiederholt ....
- Der Graph der Sinusfunktion ist punktsymmetrisch zum Ursprung.

Seite 46

- Es gilt: $\sin(-\varphi) = -\sin\varphi$
  $\sin(-30°) = -0{,}5$
  $\sin 30° \quad = +0{,}5$
  d.h. $\sin(-30°) = -\sin 30°$

Seite 47

(23) a)

Graph der Kosinusfunktion

$\varphi \mathrel{\hat{=}} x$	$120° \mathrel{\hat{=}} \frac{2\pi}{3}$	$135° \mathrel{\hat{=}} \frac{3\pi}{4}$	$150° \mathrel{\hat{=}} \frac{5\pi}{6}$	$180° \mathrel{\hat{=}} \pi$
$\cos\varphi$ $\cos x$	–0,50	–0,70	–0,86	–1,00

$\varphi \mathrel{\hat{=}} x$	$210° \mathrel{\hat{=}} \frac{7\pi}{6}$	$225° \mathrel{\hat{=}} \frac{5\pi}{4}$	$240° \mathrel{\hat{=}} \frac{4\pi}{3}$	$270° \mathrel{\hat{=}} \frac{3\pi}{2}$
$\cos\varphi$ $\cos x$	–0,86	–0,70	–0,50	0,00

$\varphi \mathrel{\hat{=}} x$	$300° \mathrel{\hat{=}} \frac{5\pi}{3}$	$315° \mathrel{\hat{=}} \frac{7\pi}{4}$	$330° \mathrel{\hat{=}} \frac{11\pi}{6}$	$360° \mathrel{\hat{=}} 2\pi$
$\cos\varphi$ $\cos x$	0,50	0,70	0,86	1,00

b)

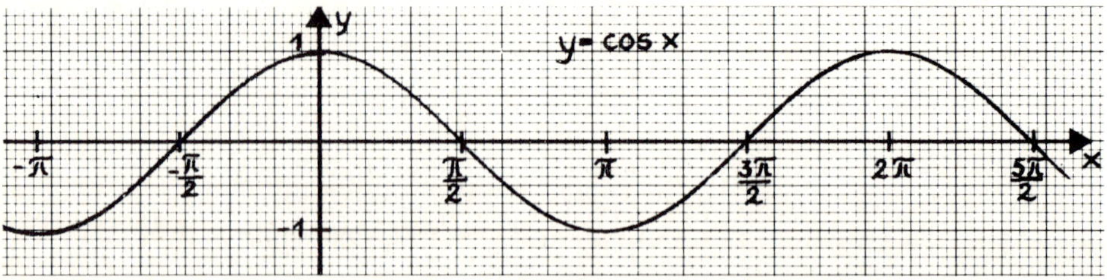

Figur 38

c) Wertebereich der Kosinusfunktion:

$\mathbb{W} = \{y \mid -1 \leqq y \leqq 1\}$

Seite 48

d) Nach der Strecke 2π auf der x-Achse wiederholt ... ;
Periode beträgt 2π.

e) Der Graph der Kosinusfunktion ist achsensymmetrisch zur y-Achse.

f) Es gilt: $\cos(-\varphi) = +\cos\varphi$

$\cos(-30°) = 0{,}8660$ und
$\cos 30° = 0{,}8660$

g) Die Kosinusfunktion hat die Nullstellen bei $(2n+1) \cdot \frac{\pi}{2}$, $n \in \mathbb{Z}$.

h) Die Kosinusfunktion hat die Hochpunkte $(2n \cdot \pi \mid 1)$, $n \in \mathbb{Z}$.

i) Die Kosinusfunktion hat die Tiefpunkte $((2n+1) \cdot \pi \mid -1)$, $n \in \mathbb{Z}$.

- Wenn man den Graphen der Sinusfunktion parallel zur x-Achse um $\frac{\pi}{2}$ nach „links" verschiebt, ergibt sich der Graph der Kosinusfunktion.
- $\sin(30° + 90°) = \sin 120° = 0{,}8660$
  $\cos 30° = 0{,}8660$
- $\sin(90° - 30°) = \sin 60° = 0{,}8660$
  $\cos 30° = 0{,}8660$

Seite 49

Graph der Tangensfunktion

(24)

a)

$\varphi \mathrel{\hat=} x$	$110° \mathrel{\hat=} 1{,}92$	$120° \mathrel{\hat=} \frac{2\pi}{3}$	$135° \mathrel{\hat=} \frac{3\pi}{4}$	$150° \mathrel{\hat=} \frac{5\pi}{6}$	$180° \mathrel{\hat=} \pi$
$\tan\varphi$ $\tan x$	$-2{,}74$	$-1{,}73$	$-1{,}00$	$-0{,}57$	$0{,}00$

$\varphi \mathrel{\hat=} x$	$210° \mathrel{\hat=} \frac{7\pi}{6}$	$225° \mathrel{\hat=} \frac{5\pi}{4}$	$240° \mathrel{\hat=} \frac{4\pi}{3}$	$250° \mathrel{\hat=} 4{,}36$	$270° \mathrel{\hat=} \frac{3\pi}{2}$
$\tan\varphi$ $\tan x$	$0{,}57$	$1{,}00$	$1{,}73$	$2{,}74$	nicht def.

$\varphi \mathrel{\hat=} x$	$290° \mathrel{\hat=} 5{,}06$	$300° \mathrel{\hat=} \frac{5\pi}{3}$	$315° \mathrel{\hat=} \frac{7\pi}{4}$	$330° \mathrel{\hat=} \frac{11\pi}{6}$	$360° \mathrel{\hat=} 2\pi$
$\tan\varphi$ $\tan x$	$-2{,}74$	$-1{,}73$	$-1{,}00$	$-0{,}57$	$0{,}00$

Seite 50

b)

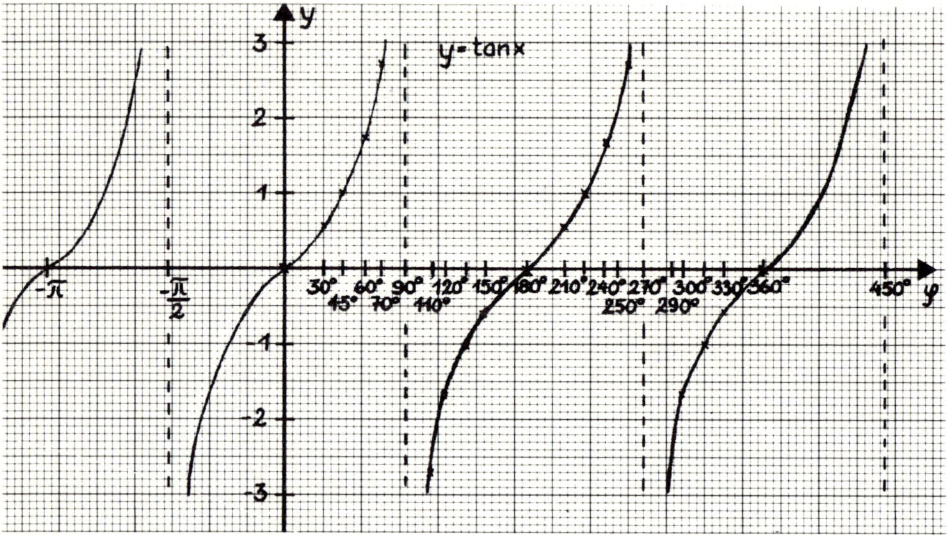

Figur 39

c) Wertebereich der Tangensfunktion:

$\mathbb{W} = \mathbb{R}$

d) Nach der Strecke π auf der x-Achse wiederholt … ; ihre Periode beträgt π.

e) Der Graph der Tangensfunktion ist punktsymmetrisch zum Ursprung.

f) Es gilt: $\tan(-x) = -\tan x$

$\tan(-30°) = -0{,}5774$
$\tan 30° \quad = +0{,}5774$

Seite 51

g) Der Graph der Tangensfunktion hat die Nullstellen bei $n \cdot \pi, \quad n \in \mathbb{Z}$

h) Der Graph der Tangensfunktion hat keine Hochpunkte.

i) Der Graph der Tangensfunktion hat keine Tiefpunkte.

1. Beispiel

$y = 2 \cdot \sin x$

- Durch den Faktor 2 wird jeder Funktionswert verdoppelt.

$\varphi \mathrel{\hat{=}} x$	$0° \mathrel{\hat{=}} 0$	$30° \mathrel{\hat{=}} \frac{\pi}{6}$	$45° \mathrel{\hat{=}} \frac{\pi}{4}$	$60° \mathrel{\hat{=}} \frac{\pi}{3}$	$90° \mathrel{\hat{=}} \frac{\pi}{2}$
$\sin \varphi$ $\sin x$	0,00	0,50	0,70	0,86	1,00
$2 \cdot \sin \varphi$ $2 \cdot \sin x$	0,00	1,00	1,40	1,72	2,00

$\varphi \mathrel{\hat{=}} x$	$120° \mathrel{\hat{=}} \frac{2\pi}{3}$	$135° \mathrel{\hat{=}} \frac{3\pi}{4}$	$150° \mathrel{\hat{=}} \frac{5\pi}{6}$	$180° \mathrel{\hat{=}} \pi$
$\sin \varphi$ $\sin x$	0,86	0,70	0,50	0,00
$2 \cdot \sin \varphi$ $2 \cdot \sin x$	1,72	1,40	1,00	0,00

$\varphi \mathrel{\hat{=}} x$	$210° \mathrel{\hat{=}} \frac{7\pi}{6}$	$225° \mathrel{\hat{=}} \frac{5\pi}{4}$	$240° \mathrel{\hat{=}} \frac{4\pi}{3}$	$270° \mathrel{\hat{=}} \frac{3\pi}{2}$
$\sin \varphi$ $\sin x$	−0,50	−0,70	−0,86	−1,00
$2 \cdot \sin \varphi$ $2 \cdot \sin x$	−1,00	−1,40	−1,72	−2,00

$\varphi \mathrel{\hat{=}} x$	$300° \mathrel{\hat{=}} \frac{5\pi}{3}$	$315° \mathrel{\hat{=}} \frac{7\pi}{4}$	$330° \mathrel{\hat{=}} \frac{11\pi}{6}$	$360° \mathrel{\hat{=}} 2\pi$
$\sin \varphi$ $\sin x$	−0,86	−0,70	−0,50	0,00
$2 \cdot \sin \varphi$ $2 \cdot \sin x$	−1,72	−1,40	−1,00	0,00

Seite 52

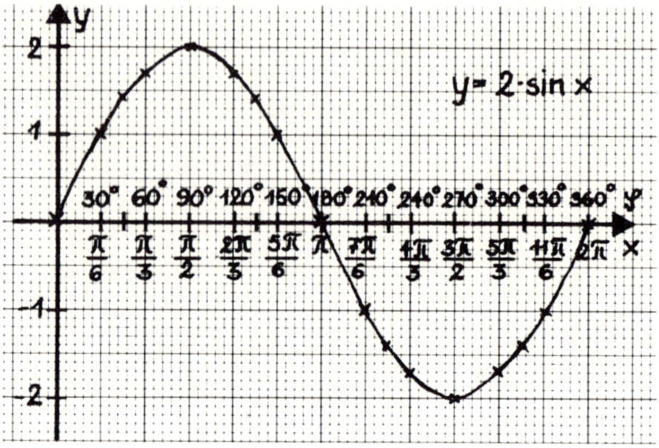

Figur 40

- Die Periode der Funktion $y = 2 \cdot \sin x$ beträgt $2 \cdot \pi$
- Die Amplitude der Funktion $y = 2 \cdot \sin x$ beträgt 2.

allgemein:

- Die Periode der Funktion $y = a \cdot \sin x$ beträgt $2 \cdot \pi$.
- Die Amplitude der Funktion $y = a \cdot \sin x$ beträgt a.

Seite 53

(25)

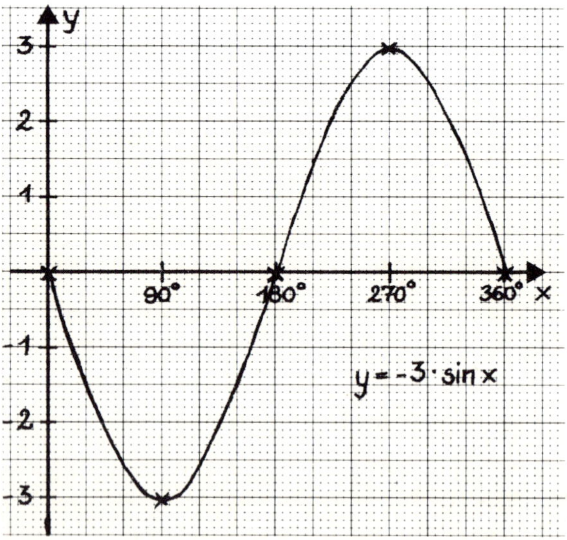

Figur 41

2. Beispiel

y = sin (2x)

x	15°	22,5°	30°	45°	60°	67,5°	75°
2x	30°	45°	60°	90°	120°	135°	150°
sin (2x)	0,50	0,70	0,86	1,00	0,86	0,70	0,50

x	90°	135°	180°	225°	270°	315°	360°
2x	180°	270°	360°	450° ≙ 90°	540° ≙ 180°	630° ≙ 270°	720° ≙ 360°
sin (2x)	0,00	– 1,00	0,00	1,00	0,00	– 1,00	0,00

Seite 54

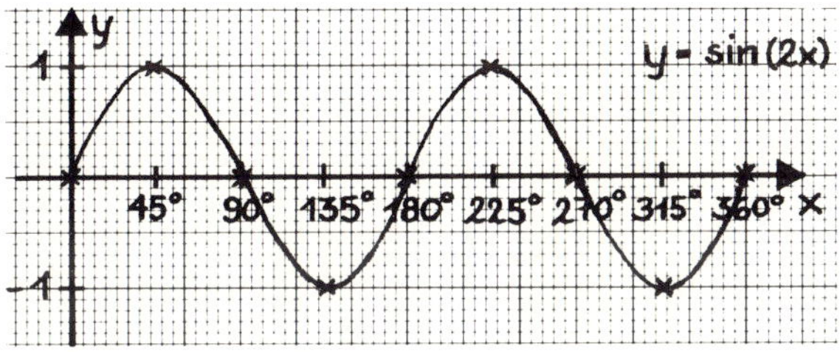

Figur 42

- Die Periode der Funktion y = sin (2x) beträgt π.
- Die Amplitude der Funktion y = sin (2x) beträgt 1.

allgemein:

- Die Amplitude der Funktion y = sin (bx) mit $b \in R^+$ beträgt 1.

Seite 55

(26)

Figur 43

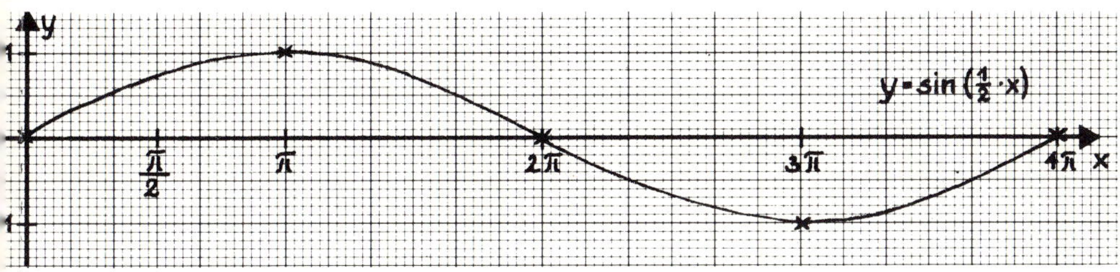

3. Beispiel

x	0°	30°	45°	60°	90°	120°
x + 60°	60°	90°	105°	120°	150°	180°
sin (x + 60°)	0,86	1,00	0,96	0,86	0,50	0,00

x	135°	150°	210°	300°	360°
x + 60°	195°	210°	270°	360°	420°
sin (x + 60°)	– 0,25	– 0,50	– 1,00	0,00	0,86

Seite 56

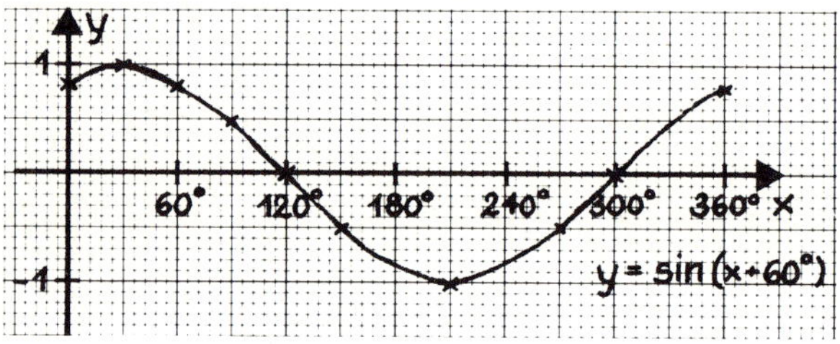

Figur 44

- Die Periode der Funktion y = sin (x + 60°) beträgt 2π.
- Die Amplitude der Funktion y = sin (x + 60°) beträgt 1.

allgemein:

- Die Periode der Funktion y = sin (x + c) beträgt 2π.
- Die Amplitude der Funktion y = sin (x + c) beträgt 1.

(27)

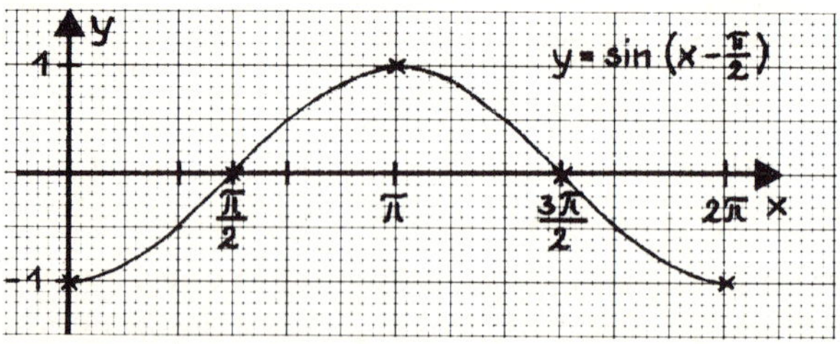

Figur 45

Seite 57

$y = 3 \cdot \sin(2x + 120°)$

a) Die Periode der Funktion beträgt $\frac{2\pi}{2} = \pi$

b) Die Amplitude der Funktion beträgt 3.

c) Der Graph entsteht ...
– durch Streckung in y-Richtung mit dem Faktor 3.
– durch Streckung in x-Richtung mit dem Faktor $\frac{1}{2}$.
– durch Verschiebung um das Bogenmaß des Winkels 60° nach links, denn $2x_0 + 120° = 0 \Rightarrow x_0 = -60°$.

d)

x	0°	30°	75°	120°	165°
$2x + 120°$	120°	180°	270°	360°	450° ≙ 90°
$3 \cdot \sin(2x + 120°)$	2,59	0,00	– 3,00	0,00	3,00

x	210°	300°	390°	480°
$2x + 120°$	540° ≙180°	720° ≙360°	900° ≙180°	1080° ≙360°
$3 \cdot \sin(2x + 120°)$	0	0	0	0

Seite 58

e)

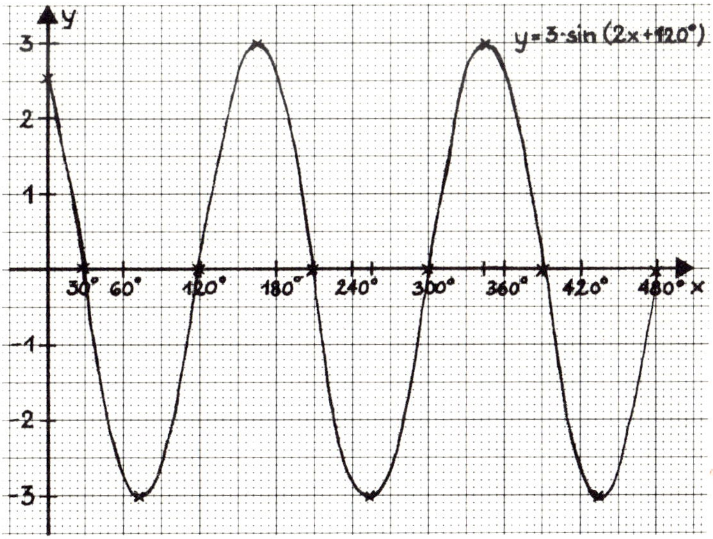

Figur 46

(28)

a) $y = \frac{2}{3} \cdot \sin\left(3x + \frac{5\pi}{4}\right)$

Periode: $\frac{2\pi}{3}$

Amplitude: $\frac{2}{3}$.

Verschiebung: $3x_0 + \frac{5\pi}{4} = 0$

$\Rightarrow x_0 = -\frac{5\pi}{12}$

um $\frac{5\pi}{12}$ LE nach links.

b) $y = -\frac{1}{2} \cdot \sin\left(\frac{2}{3} \cdot x - \frac{\pi}{4}\right)$

Periode: $\frac{2\pi}{\frac{2}{3}} = 3\pi$.

Amplitude: $\frac{1}{2}$.

Verschiebung: $\frac{2}{3}x_0 - \frac{\pi}{4} = 0$

$\Rightarrow x_0 = \frac{3\pi}{8}$

um $\frac{3\pi}{8}$ LE nach rechts.

Seite 59

Gleichungen

Beispiel

1.Schritt:

$\sin(4\varphi - 130°) = 0{,}5$

2. Schritt:

$$\Rightarrow \begin{cases} 4\varphi - 130° = 30° & \vee \text{ oder} \\ 4\varphi - 130° = 150° \end{cases}$$

3. Schritt:

- $4\varphi_1 = 160°$

$\Rightarrow \varphi_1 = 40°$ $\quad\vee$ oder

- $4\varphi_2 - 130° = 150°$

$\Rightarrow 4\varphi_2 = 280°$

$\Rightarrow \varphi_2 = 70°$

(29)

a) $3 \cdot \sin\left(\frac{1}{2}\varphi + 7°\right) = -1{,}8$

1. Schritt:

$\Rightarrow \sin\left(\frac{1}{2}\varphi + 7°\right) = -0{,}6$

2. Schritt:

$$\Rightarrow \begin{cases} \frac{1}{2}\varphi_1 + 7° = 217° \\ \frac{1}{2}\varphi_2 + 7° = 323° \end{cases}$$

3. Schritt:

- $\frac{1}{2}\varphi_1 = 210°$

$\Rightarrow \varphi_1 = 420°$

- $\frac{1}{2}\varphi_2 = 316°$

$\Rightarrow \varphi_2 = 632°$

(Die Periode beträgt hier $\frac{2\pi}{\frac{1}{2}} = 4\pi$ bzw. 720°)

b) $-\frac{1}{4} \cdot \cos\left(3x - \frac{3}{2}\pi\right) = 0{,}25$

1. Schritt:

$\Rightarrow \cos\left(3x - \frac{3}{2}\pi\right) = -1$

2. Schritt:

$\Rightarrow 3x - \frac{3}{2}\pi = \pi$

3. Schritt:

$\Rightarrow 3x = \frac{5}{2}\pi$

$\Rightarrow \quad x = \frac{5}{6}\pi \mathrel{\hat{=}} \frac{\pi}{6}$

(Die Periode beträgt hier $\frac{2\pi}{3}$;

damit gilt: $\frac{5}{6}\pi - \frac{2\pi}{3} = \frac{\pi}{6}$.)

Seite 60

Additionstheoreme

Additionstheorem I

... die beiden Dreiecke $\triangle$ OQU und $\triangle$ P_2TU haben bei U einen gemeinsamen Scheitelwinkel und bei Q bzw. T jeweils einen rechten Winkel.

Im $\triangle$ P_2TS gilt: $\cos\alpha = \frac{\overline{P_2S}}{\overline{P_2T}}$

$\Rightarrow \overline{P_2S} = \overline{P_2T} \cdot \cos\alpha$

Im $\triangle$ OTP_2 gilt: $\sin\beta = \frac{\overline{P_2T}}{\overline{OP_2}}$

bzw. $\sin\beta = \overline{P_2T}$

Im $\triangle$ ORT gilt: $\sin\alpha = \frac{\overline{RT}}{\overline{OT}}$

$\Rightarrow \overline{RT} = \overline{OT} \cdot \sin\alpha$

Im $\triangle$ OTP_2 gilt: $\cos\beta = \overline{OT}$

Seite 61

Im $\triangle$ OQP_2 gilt: $\sin(\alpha + \beta) = \overline{QP_2} =$

$= \overline{QS} + \overline{SP_2} =$

$= \overline{RT} + \overline{P_2S} = \ldots$

Additionstheorem II

$\ldots. = \sin\alpha \cdot \cos(-\beta) + \sin(-\beta) \cdot \cos\alpha =$

$= \sin\alpha \cdot \cos\beta - \sin\beta \cdot \cos\alpha$

(vergl. S. 46: $\sin(-\varphi) = -\sin\varphi$)

Additionstheorem III

Im $\triangle$ ORT gilt: $\cos\alpha = \frac{\overline{OR}}{\overline{OT}}$

$\Rightarrow \overline{OR} = \overline{OT} \cdot \cos\alpha$

Im $\triangle$ P_2TS gilt: $\sin\alpha = \frac{\overline{ST}}{\overline{P_2T}}$

$\Rightarrow \overline{ST} = \overline{P_2T} \cdot \sin\alpha$

Im $\triangle$ OQP_2 gilt: $\cos(\alpha + \beta) = \overline{OQ} =$

$= \overline{OR} - \overline{QR} = \ldots.$

Seite 63

Beispiele

1.

a) $\sin 55° = \sin(35° + 20°) =$
$= \sin 35° \cdot \cos 20° + \cos 35° \cdot \sin 20° =$
$= 0{,}5736 \cdot 0{,}9397 + 0{,}8192 \cdot 0{,}3420 =$
$= 0{,}8192$

b) $\cos 15° = \cos(35° - 20°) =$
$= \cos 35° \cdot \cos 20° + \sin 35° \cdot \sin 20° =$
$= 0{,}8192 \cdot 0{,}9397 + 0{,}5736 \cdot 0{,}3420 =$
$= 0{,}9659$

2.

a) $\tan 160° = \tan(120° + 40°) =$

$$= \frac{-1{,}7321 + 0{,}8391}{1 - (-1{,}7321) \cdot 0{,}8391} = -0{,}3639$$

b) $\tan 80° = \tan(120° - 40°) =$

$$= \frac{-1{,}7321 - 0{,}8391}{1 + (-1{,}7321) \cdot 0{,}8391} = 5{,}670$$

Seite 64

Funktionen des doppelten Winkels

- Für $\alpha = \beta$ ergibt das Additionstheorem III

$\cos(\alpha + \alpha) = \cos(2\alpha) =$

$= \cos\alpha \cdot \cos\alpha - \sin\alpha \cdot \sin\alpha$

kurz: $\cos(2\alpha) = \cos^2\alpha - \sin^2\alpha$

- Für $\alpha = \beta$ ergibt das Additionstheorem V

$\tan(\alpha + \alpha) = \tan(2\alpha) =$

$$= \frac{\tan\alpha + \tan\alpha}{1 - \tan\alpha \cdot \tan\alpha}$$

Beispiele

1.

a) $\sin 150° = 2 \cdot \sin 75° \cdot \cos 75° =$

$= 2 \cdot 0{,}9659 \cdot 0{,}2588 = 0{,}4999$

b) $\cos 150° = 2 \cdot \cos^2 75° - 1 =$

$= 2 \cdot (0{,}2588)^2 - 1 = -0{,}8660$

2.

a) $\tan 50° = \dfrac{2 \cdot \tan 25°}{1 - \tan^2 25°} =$

$$= \frac{2 \cdot 0{,}4663}{1 - (0{,}4663)^2} = 1{,}1917$$

Goniometrische Gleichungen

Seite 65

1. Beispiel

$$\frac{1}{2} \cdot \cos(60° + x) = \sin x$$

1. Schritt:

$\Rightarrow \cos 60° \cdot \cos x - \sin 60° \cdot \sin x = 2 \cdot \sin x$

2. Schritt:

$\Rightarrow \cos 60° - \sin 60° \cdot \tan x = 2 \cdot \tan x$

3. Schritt:

$\Rightarrow \cos 60° = (2 + \sin 60°) \cdot \tan x$

$\Rightarrow \dfrac{\cos 60°}{2 + \sin 60°} = \tan x$

$\Rightarrow 0{,}1744 = \tan x$

$\Rightarrow x_1 = 9{,}89°$ und $x_2 = 189{,}89°$

Probe für x_1:

linke Seite: $\dfrac{1}{2} \cdot \cos(60° + 9{,}89°) = 0{,}1719$

rechte Seite: $\sin 9{,}89° = 0{,}1718$

Seite 66

2. Beispiel

$$\cos(2\alpha) - \sin\alpha = \frac{1}{2}$$

1. Schritt:

$\Rightarrow \cos^2\alpha - \sin^2\alpha - \sin\alpha = \dfrac{1}{2}$

2. Schritt:

$\Rightarrow \underbrace{1 - \sin^2\alpha - \sin^2\alpha}_{} - \sin\alpha = \dfrac{1}{2}$

$$-2 \cdot \sin^2\alpha - \sin\alpha + \frac{1}{2} = 0$$

3. Schritt:

$\Rightarrow \sin_{1/2}\alpha = \dfrac{1 \pm \sqrt{1 - 4 \cdot (-2) \cdot 0{,}5}}{-4}$

$\Rightarrow \sin_1\alpha = -0{,}8090$ und $\sin_2\alpha = 0{,}3090$

- $\sin_1 \alpha = -0{,}8090 \Rightarrow a_1 = 234°$ und $\alpha_2 = 306°$
- $\sin_2 \alpha = 0{,}3090 \Rightarrow \alpha_3 = 18°$ und $\alpha_4 = 162°$

Probe für $\alpha_3 = 18°$:

linke Seite: $\cos 36° - \sin 18° = = 0{,}8090 - 0{,}3090 = 0{,}5$

(30)

a) $\sin(45° - \varphi) = 4 \cdot \cos\varphi$

1. Schritt:

$\Rightarrow \sin 45° \cdot \cos\varphi - \cos 45° \cdot \sin\varphi = 4 \cdot \cos\varphi$

Seite 67

2. Schritt:

$\Rightarrow \sin 45° \quad - \cos 45° \cdot \tan\varphi = 4$

3. Schritt:

$\Rightarrow \tan\varphi = -4{,}656$

$\Rightarrow \varphi_1 = 102{,}12°$ und $\varphi_2 = 282{,}12°$

b) $2 \cdot \sin\varphi + \cos\varphi = 2$

$\underset{X}{\Rightarrow} 2 \cdot \sin\varphi + \sqrt{1 - \sin^2\varphi} = 2$

$\Rightarrow 2 \cdot \sin\varphi - 2 = -\sqrt{1 - \sin^2\varphi} \quad |\ldots^2$

$\Rightarrow 4 \cdot \sin^2\varphi - 8 \cdot \sin\varphi + 4 = 1 - \sin^2\varphi$

$\Rightarrow 5 \cdot \sin^2\varphi - 8 \cdot \sin\varphi + 3 = 0$

$\Rightarrow \sin_{1/2}\varphi = \dfrac{8 \pm \sqrt{64 - 60}}{10} = \dfrac{8 \pm 2}{10}$

$\Rightarrow \begin{cases} \sin_1\varphi = 1 \Rightarrow \varphi_1 = 90° \\ \sin_2\varphi = 0{,}6 \Rightarrow \varphi_2 = 36{,}87° \end{cases}$

$\vee\ \varphi_3 = 143{,}13°$

Wenn du die Probe machst, erkennst du, daß nur φ_1 und φ_2 die obige Gleichung erfüllen.

c) $\cos(2\varphi) = \cos\varphi$

$\underset{VIII}{\Rightarrow} \cos^2\varphi - \sin^2\varphi = \cos\varphi$

$\underset{X}{\Rightarrow} \cos^2\varphi - 1 + \cos^2\varphi = \cos\varphi$

$\Rightarrow 2 \cdot \cos^2\varphi - \cos\varphi - 1 = 0$

$\Rightarrow \cos_{1/2}\varphi = \dfrac{1 \pm \sqrt{1 - 4 \cdot 2 \cdot (-1)}}{4} =$

$= \dfrac{1 \pm 3}{4}$

$\Rightarrow \begin{cases} \cos_1\varphi = 1 \Rightarrow \varphi_1 = 0° \\ \cos_2\varphi = -\dfrac{1}{2} \Rightarrow \varphi_2 = 120° \end{cases}$

$\vee\ \varphi_3 = 240°$

d) $\sin(2\varphi) = \sin\varphi$

$\underset{VII}{\Rightarrow} 2 \cdot \sin\varphi \cdot \cos\varphi = \sin\varphi \ |:\sin\varphi\ ^*) \neq 0$

$\Rightarrow 2 \cdot \cos\varphi = 1$

$\Rightarrow \cos\varphi = \frac{1}{2}$

$\Rightarrow \varphi_1 = 60° \vee \varphi_2 = 300°$

Schnittwinkel zwischen zwei Geraden

Seite 68

$\tan\varphi = \dfrac{3 - 0{,}6}{1 + 3 \cdot 0{,}6} = 0{,}8571$

$\Rightarrow \varphi = 40{,}60°$

(31)

$m_1 = -2$ und $m_2 = \dfrac{1}{3}$

$\tan\varphi = \left|\dfrac{-2 - \frac{1}{3}}{1 - 2 \cdot \frac{1}{3}}\right| = 7$

$\Rightarrow \varphi \approx 82°$

---

*) $\sin\varphi = 0 \Rightarrow \varphi_3 = 0°$ und $\varphi_4 = 180°$

Beachte

Für den Fall $1 + m_1 \cdot m_2 = 0$ stehen die beiden Geraden senkrecht aufeinander, denn $\tan \varphi$ ist für $\varphi = 90°$ nicht definiert.

Beispiel

Mit $m_1 = -\frac{1}{3}$ und $m_2 = 3$ gilt:

$m_1 \cdot m_2 = -\frac{1}{3} \cdot 3 = -1$

$\Rightarrow$ $\tan \varphi$ ist nicht definiert

$\Rightarrow \quad \varphi = 90°$

Seite 69

(32)

Mit $m_1 = \frac{2}{3}$ liefert die Gleichung

$m_1 \cdot m_2 = -1$

$\Rightarrow \frac{2}{3} \cdot \quad m_2 = -1$

$\Rightarrow \quad m_2 = -\frac{3}{2}$

Abstand eines Punktes von einer Geraden

Beispiel

- Da die Lotgerade l senkrecht steht auf der Geraden g, kennen wir ...
  $m = 2$
- Damit gilt für l:
  $y = 2 \cdot x + b$

$P(4|7) \in l \Rightarrow 7 = 2 \cdot 4 + b$
$\Rightarrow b = -1$

- Damit gilt für l: $y = 2x - 1$

$g \times l: \quad -\frac{1}{2} \cdot x + 4 = 2 \cdot x - 1$

$\Rightarrow x_F = 2$

Seite 70

$F(2|y_F) \in l: \quad y_F = 2 \cdot 2 - 1 = 3$
$\Rightarrow F(2|3)$

$\overline{FP} = \sqrt{(4-2)^2 + (7-3)^2} =$
$= \sqrt{4 + 16} = \sqrt{20} = 4{,}47$

- Der Abstand ... beträgt 4,47 LE.

(33)

- Steigung der Lotgeraden l: $m = -\frac{4}{3}$;
  damit l: $y = -\frac{4}{3} \cdot x + b$
- $P(3|-2) \in l$
  $\Rightarrow -2 = -\frac{4}{3} \cdot 3 + b$
  $\Rightarrow b = 2$
- l: $y = -\frac{4}{3} \cdot x + 2$

  $g \times l: \quad \frac{3}{4} \cdot x + 2 = -\frac{4}{3} \cdot x + 2$
  $\Rightarrow x_F = 0$
- $F(0|y_F) \in g$:
  $y_F = \frac{3}{4} \cdot 0 + 2 = 2$

$\Rightarrow F(2|0)$

- $\overline{PF} = \sqrt{(3-0)^2 + (-2-2)^2} =$
  $= 2{,}24$
- ... beträgt 5 LE

Seite 71

Vektorrechnung

1. Beispiel

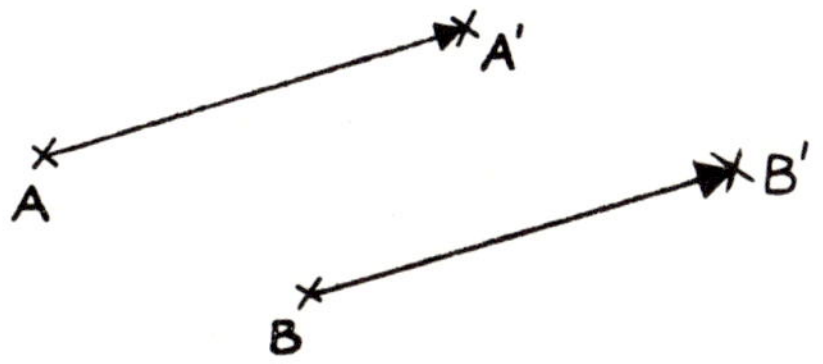

Figur 50

- $\overrightarrow{AA'}$ und $\overrightarrow{BB'}$ verlaufen parallel zueinander;
- $\overrightarrow{AA'}$ und $\overrightarrow{BB'}$ sind gleich lang;
- $\overrightarrow{AA'}$ und $\overrightarrow{BB'}$ sind gleich orientiert.

Seite 72

2. Beispiel

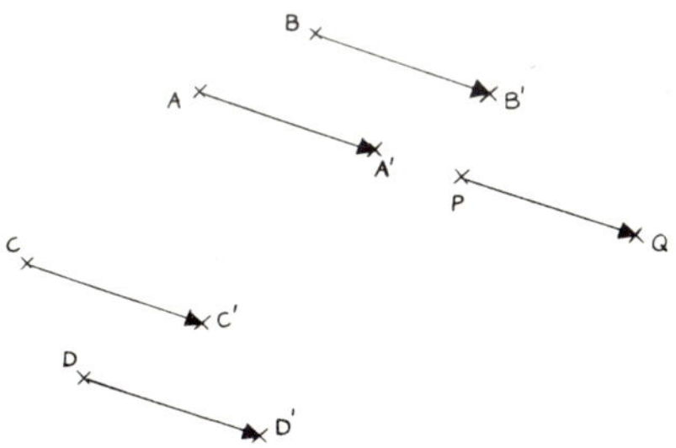

Figur 51

3. Beispiel

a)

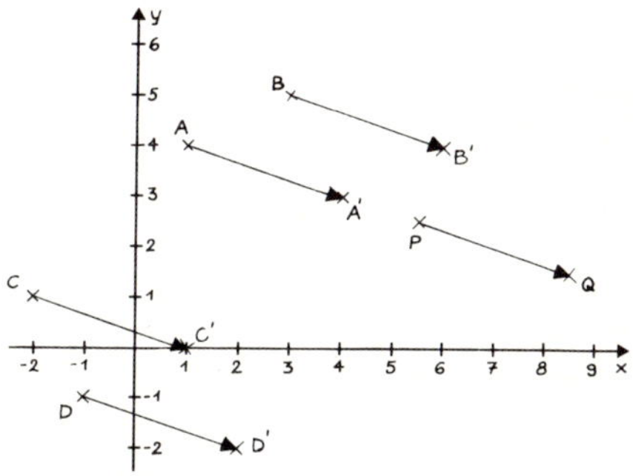

Figur 52

b) A (1 | 4) ; D (– 1 | – 1) ;
A′ (4 | 3) ; D′ (2 | – 2) ;
B (3 | 5) ; P (5,5 | 2,5) ;
B′ (6 | 4) ; Q (8,5 | 1,5) ;
C (– 2 | 1) ;
C′ (1 | 0) ;

c) S (15 | 6)

Zu Seiten 73 – 74

Seite 73

Wie bei den Punktkoordinaten

- zählen die „Schritte nach rechts"
- sowie die „Schritte nach oben" } jeweils positiv;

- zählen die „Schritte nach links"
- sowie die „Schritte nach unten" } jeweils negativ.

$$\overrightarrow{AA'} = \begin{pmatrix} 4-1 \\ 3-4 \end{pmatrix} = \begin{pmatrix} 3 \\ -1 \end{pmatrix}$$

(34) a), b)

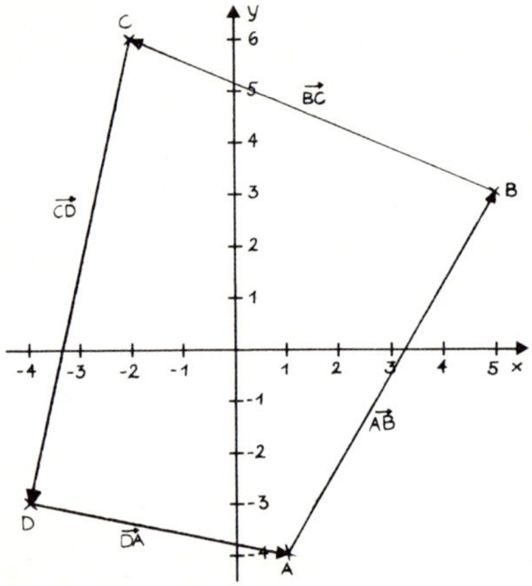

Figur 53

Seite 74

c) $\overrightarrow{AB} = \begin{pmatrix} 4 \\ 7 \end{pmatrix}$; $\overrightarrow{BC} = \begin{pmatrix} -7 \\ 3 \end{pmatrix}$

$\overrightarrow{CD} = \begin{pmatrix} -2 \\ -9 \end{pmatrix}$; $\overrightarrow{DA} = \begin{pmatrix} 5 \\ -1 \end{pmatrix}$

d) $\overrightarrow{AB} = \begin{pmatrix} 5-1 \\ 3-(-4) \end{pmatrix} = \begin{pmatrix} 4 \\ 7 \end{pmatrix}$

$\overrightarrow{BC} = \begin{pmatrix} -2-5 \\ 6-3 \end{pmatrix} = \begin{pmatrix} -7 \\ 3 \end{pmatrix}$

$\overrightarrow{CD} = \begin{pmatrix} -4-(-2) \\ -3-6 \end{pmatrix} = \begin{pmatrix} -2 \\ -9 \end{pmatrix}$

$\overrightarrow{DA} = \begin{pmatrix} 1-(-4) \\ -4-(-3) \end{pmatrix} = \begin{pmatrix} 5 \\ -1 \end{pmatrix}$

e) $\overrightarrow{BA} = \begin{pmatrix} 1-5 \\ -4-3 \end{pmatrix} = \begin{pmatrix} -4 \\ -7 \end{pmatrix}$

$\overrightarrow{CB} = \begin{pmatrix} 5-(-2) \\ 3-6 \end{pmatrix} = \begin{pmatrix} 7 \\ -3 \end{pmatrix}$

$\overrightarrow{DC} = \begin{pmatrix} -2-(-4) \\ 6-(-3) \end{pmatrix} = \begin{pmatrix} 2 \\ 9 \end{pmatrix}$

$\overrightarrow{AD} = \begin{pmatrix} -4-1 \\ -3-(-4) \end{pmatrix} = \begin{pmatrix} -5 \\ 1 \end{pmatrix}$

f) $\overrightarrow{OA} = \begin{pmatrix} 1 \\ -4 \end{pmatrix}$

$\overrightarrow{OB} = \begin{pmatrix} 5 \\ 3 \end{pmatrix}$

$\overrightarrow{OC} = \begin{pmatrix} -2 \\ 6 \end{pmatrix}$

$\overrightarrow{OD} = \begin{pmatrix} -4 \\ -3 \end{pmatrix}$

$\overrightarrow{AA} = \begin{pmatrix} 0 \\ 0 \end{pmatrix}$

$\overrightarrow{BB} = \begin{pmatrix} 0 \\ 0 \end{pmatrix} = \overrightarrow{CC} = \overrightarrow{DD}$

Seite 75

Eigenschaften

- $\vec{v}$ und $-\vec{v}$ verlaufen parallel zueinander;
- $\vec{v}$ und $-\vec{v}$ sind gleich lang;
- $\vec{v}$ und $-\vec{v}$ sind entgegengesetzt orientiert;
- $\vec{v}$ und $-\vec{v}$ haben sowohl bei der x-Koordinate, als auch bei der y-Koordinate verschiedene Vorzeichen.

Für $\overrightarrow{OP} = \begin{pmatrix} x_P \\ y_P \end{pmatrix}$ gilt: P $(x_P | y_P)$

- $\vec{o}$ hat die Länge 0 LE;
- $\vec{o}$ hat damit keine Richtung.

Seite 76

Geometrische Addition

Beispiel

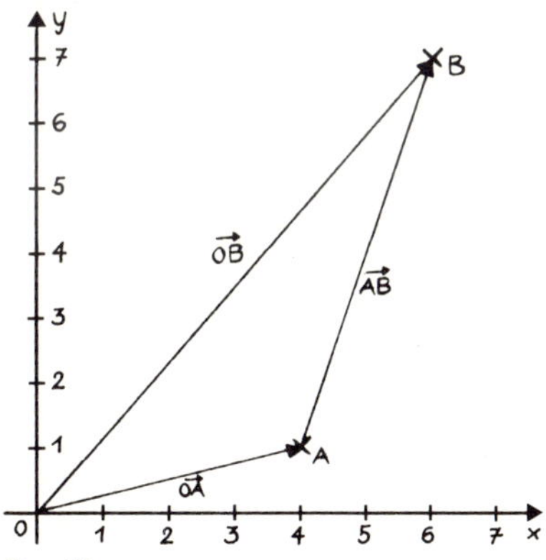

Figur 55

- A (4 | 1); $\overrightarrow{OA} = \begin{pmatrix} 4 \\ 1 \end{pmatrix}$
- B (6 | 7); $\overrightarrow{OB} = \begin{pmatrix} 6 \\ 7 \end{pmatrix}$

$\overrightarrow{AB} = \begin{pmatrix} 2 \\ 6 \end{pmatrix}$

- $\overrightarrow{OA} + \overrightarrow{AB} = \overrightarrow{OB}$

$$\overrightarrow{OA} + \overrightarrow{AB} =$$

$$= \begin{pmatrix} 4 \\ 1 \end{pmatrix} + \begin{pmatrix} 2 \\ 6 \end{pmatrix} =$$

$$= \begin{pmatrix} 4 & + & 2 \\ 1 & + & 6 \end{pmatrix} = \begin{pmatrix} 6 \\ 7 \end{pmatrix} = \overrightarrow{OB}$$

Seite 77

(35)

a) P (– 2 | – 3); Q (4 | 2); R (– 3 | 5).

b) $\overrightarrow{PQ} = \begin{pmatrix} 6 \\ 5 \end{pmatrix}$; $\overrightarrow{QR} = \begin{pmatrix} -7 \\ 3 \end{pmatrix}$;

$\overrightarrow{PR} = \begin{pmatrix} -1 \\ 8 \end{pmatrix}$.

c)

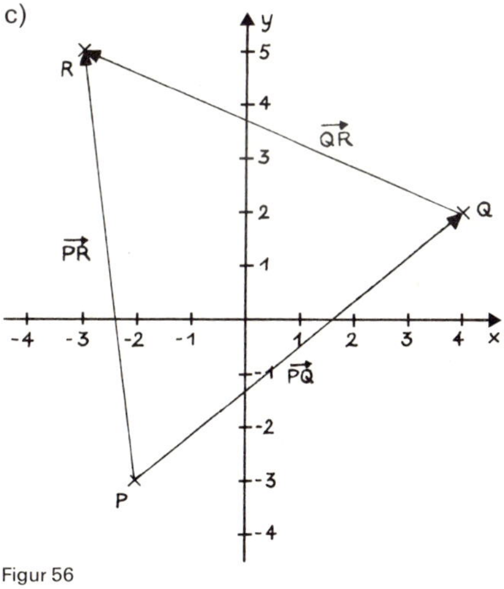

Figur 56

d) $\overrightarrow{PQ} + \overrightarrow{QR} =$

$$= \begin{pmatrix} 6 \\ 5 \end{pmatrix} + \begin{pmatrix} -7 \\ 3 \end{pmatrix} = \begin{pmatrix} 6 - 7 \\ 5 + 3 \end{pmatrix} =$$

$$= \begin{pmatrix} -1 \\ 8 \end{pmatrix} = \overrightarrow{PR}$$

Seite 78

Beispiel

- $\overrightarrow{AB} = \begin{pmatrix} 6 \\ 1 \end{pmatrix}$ und $\overrightarrow{BC} = \begin{pmatrix} 2 \\ 5 \end{pmatrix}$

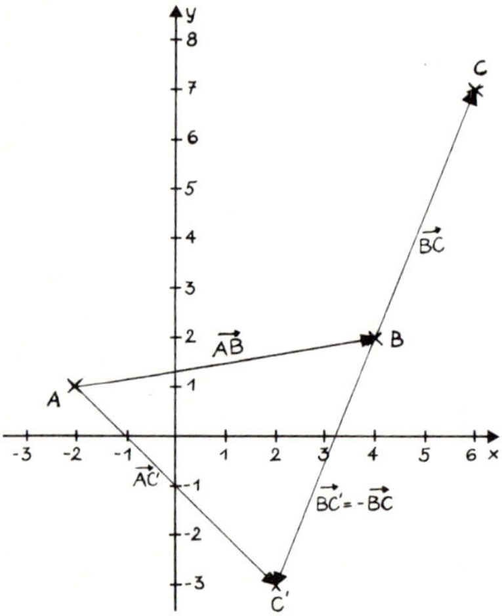

Figur 58

- $\overrightarrow{BC'} = \begin{pmatrix} -2 \\ -5 \end{pmatrix}$

Seite 79

- $\overrightarrow{AB} - \overrightarrow{BC} = \begin{pmatrix} 6 \\ 1 \end{pmatrix} - \begin{pmatrix} 2 \\ 5 \end{pmatrix} = \begin{pmatrix} 6-2 \\ 1-5 \end{pmatrix} = \begin{pmatrix} 4 \\ -4 \end{pmatrix}$

aber auch:

$\overrightarrow{AB} - \overrightarrow{BC} = \overrightarrow{AB} + (-\overrightarrow{BC}) = \overrightarrow{AB} + \overrightarrow{BC'} =$

$= \begin{pmatrix} 6 \\ 1 \end{pmatrix} + \begin{pmatrix} -2 \\ -5 \end{pmatrix} = \begin{pmatrix} 6+(-2) \\ 1+(-5) \end{pmatrix} = \begin{pmatrix} 4 \\ -4 \end{pmatrix}$

- $\overrightarrow{BC} + \overrightarrow{BC'} =$

  $= \begin{pmatrix} 2 \\ 5 \end{pmatrix} + \begin{pmatrix} -2 \\ -5 \end{pmatrix} = \begin{pmatrix} 2+(-2) \\ 5+(-5) \end{pmatrix} = \begin{pmatrix} 0 \\ 0 \end{pmatrix}$

- Da $\overrightarrow{BC}$ und $\overrightarrow{BC'}$ Gegenvektoren sind, muß ihre Summe den Nullvektor ergeben.

(36) a), b)

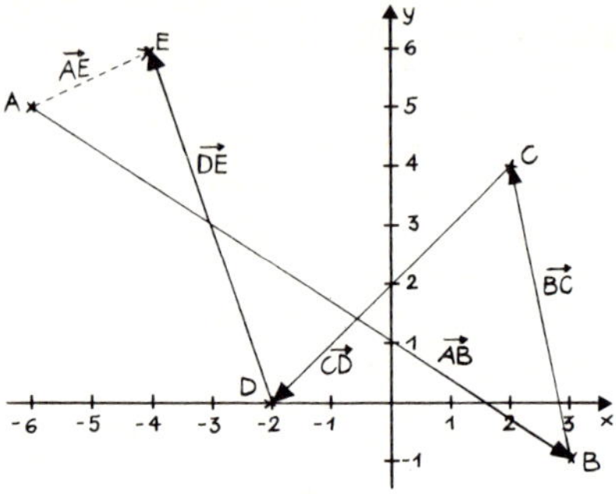

Figur 59

c) $\overrightarrow{AB} = \begin{pmatrix} 9 \\ -6 \end{pmatrix}$; $\overrightarrow{BC} = \begin{pmatrix} -1 \\ 5 \end{pmatrix}$;

$\overrightarrow{CD} = \begin{pmatrix} -4 \\ -4 \end{pmatrix}$; $\overrightarrow{DE} = \begin{pmatrix} -2 \\ 6 \end{pmatrix}$.

Seite 80

d) $\overrightarrow{AB} + \overrightarrow{BC} + \overrightarrow{CD} + \overrightarrow{DE} =$

$= \begin{pmatrix} 9 \\ -6 \end{pmatrix} + \begin{pmatrix} -1 \\ 5 \end{pmatrix} + \begin{pmatrix} -4 \\ -4 \end{pmatrix} + \begin{pmatrix} -2 \\ 6 \end{pmatrix} = \begin{pmatrix} 2 \\ 1 \end{pmatrix}$

e) $\overrightarrow{AE} = \begin{pmatrix} 2 \\ 1 \end{pmatrix}$

Ergebnis:

$\overrightarrow{AB} + \overrightarrow{BC} + \overrightarrow{CD} + \overrightarrow{DE} = \overrightarrow{AE}$

(37) a), b)

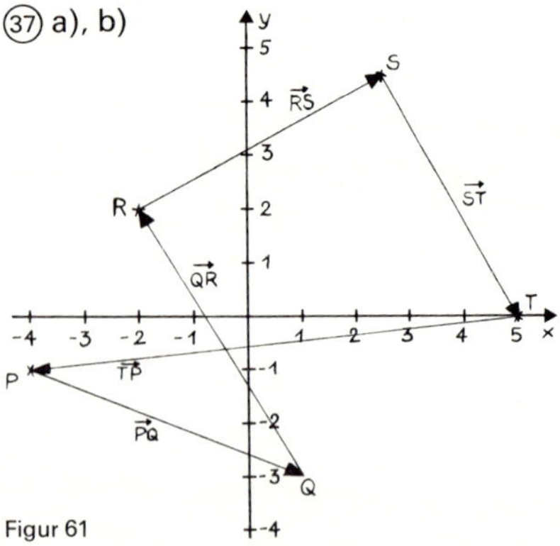

Figur 61

Seite 81

c) $\overrightarrow{PQ} = \begin{pmatrix} 5 \\ -2 \end{pmatrix}$; $\overrightarrow{QR} = \begin{pmatrix} -3 \\ 5 \end{pmatrix}$;

$\overrightarrow{RS} = \begin{pmatrix} 4{,}5 \\ 2{,}5 \end{pmatrix}$; $\overrightarrow{ST} = \begin{pmatrix} 2{,}5 \\ -4{,}5 \end{pmatrix}$;

$\overrightarrow{TP} = \begin{pmatrix} -9 \\ -1 \end{pmatrix}$.

d) $\overrightarrow{PQ} + \overrightarrow{QR} + \overrightarrow{RS} + \overrightarrow{ST} + \overrightarrow{TP} =$

$= \begin{pmatrix} 5 \\ -2 \end{pmatrix} + \begin{pmatrix} -3 \\ 5 \end{pmatrix} + \begin{pmatrix} 4{,}5 \\ 2{,}5 \end{pmatrix} + \begin{pmatrix} 2{,}5 \\ -4{,}5 \end{pmatrix} + \begin{pmatrix} -9 \\ -1 \end{pmatrix} =$

$= \begin{pmatrix} 5 - 3 + 4{,}5 + 2{,}5 - 9 \\ -2 + 5 + 2{,}5 - 4{,}5 - 1 \end{pmatrix} = \begin{pmatrix} 0 \\ 0 \end{pmatrix}$

Folgerung

Summenvektor einer geschlossenen Vektorkette ... immer der Nullvektor.

Beispiel

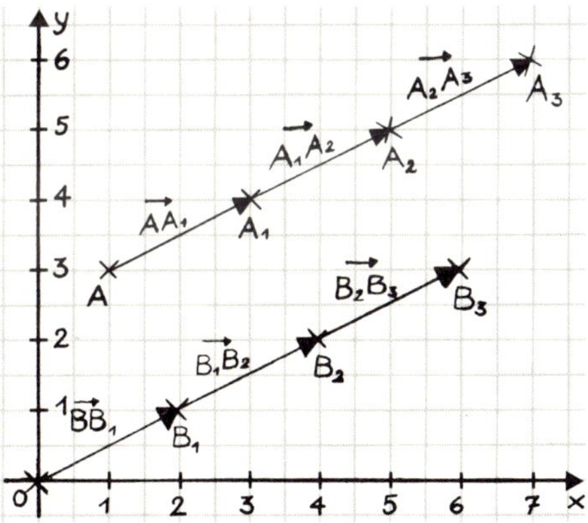

Figur 62

- $A_2\,(5|5)$; $A_3\,(7|6)$;

$\overrightarrow{AA_1} = \overrightarrow{A_1A_2} = \overrightarrow{A_2A_3} = \begin{pmatrix} 2 \\ 1 \end{pmatrix}$

$\overrightarrow{AA_2} = \begin{pmatrix} 4 \\ 2 \end{pmatrix}$; $\overrightarrow{AA_3} = \begin{pmatrix} 6 \\ 3 \end{pmatrix}$

- $A_4\,(9|7)$ und $A_5\,(11|8)$.

- $\overrightarrow{AA_4} = \begin{pmatrix} 8 \\ 4 \end{pmatrix}$; $\overrightarrow{AA_5} = \begin{pmatrix} 10 \\ 5 \end{pmatrix}$.

Seite 82

- Die Vektoren $\overrightarrow{AA_1}$ und $\overrightarrow{BB_1}$, ... sind jeweils gleich.
- Die Vektoren $\overrightarrow{AA_2}$ und $\overrightarrow{BB_2}$ sind jeweils doppelt so lang, wie $\overrightarrow{AA_1}$; diese drei Vektoren verlaufen parallel zueinander und sind gleich gerichtet.
- Die Vektoren $\overrightarrow{AA_3}$ und $\overrightarrow{BB_3}$ sind jeweils dreimal so lang, wie $\overrightarrow{AA_1}$; auch diese drei Vektoren verlaufen parallel zueinander und sind gleich gerichtet.

Zusammenfassung

bzw. kürzer $\overrightarrow{AA_2} = 2 \cdot \overrightarrow{AA_1}$;

gilt somit $\overrightarrow{AA_3} = \underbrace{2 \cdot \overrightarrow{AA_1} + \overrightarrow{AA_1}}$

bzw. $\overrightarrow{AA_3} = 3 \cdot \overrightarrow{AA_1}$.

$\overrightarrow{AA_2} = 2 \cdot \overrightarrow{AA_1}$

$\Rightarrow \begin{pmatrix} 4 \\ 2 \end{pmatrix} = 2 \cdot \begin{pmatrix} 2 \\ 1 \end{pmatrix}$

bzw. für $\overrightarrow{AA_3} = 3 \cdot \overrightarrow{AA_1}$ gilt

$\begin{pmatrix} 6 \\ 3 \end{pmatrix} = 3 \cdot \begin{pmatrix} 2 \\ 1 \end{pmatrix}$

…., daß durch den Faktor 2 beide Vektorkoordinaten verdoppelt werden, bzw. durch den Faktor 3 beide Vektorkoordinaten verdreifacht werden.

(38) a), b)

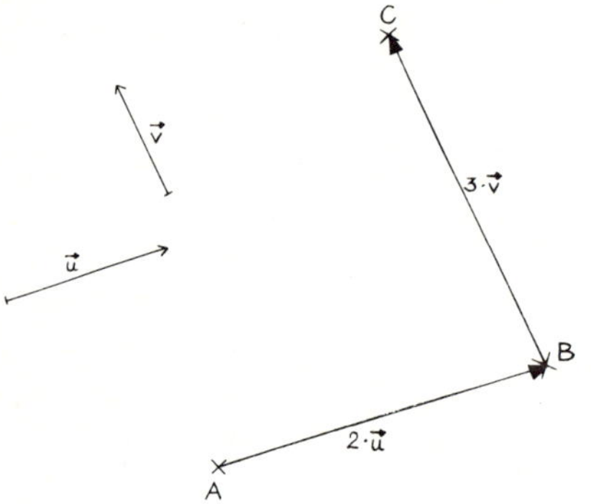

Figur 63a

Seite 83

(39)

a) $\vec{u} = \begin{pmatrix} 3 \\ 1 \end{pmatrix}$ und $\vec{v} = \begin{pmatrix} -1 \\ 2 \end{pmatrix}$

b) B (5|0)

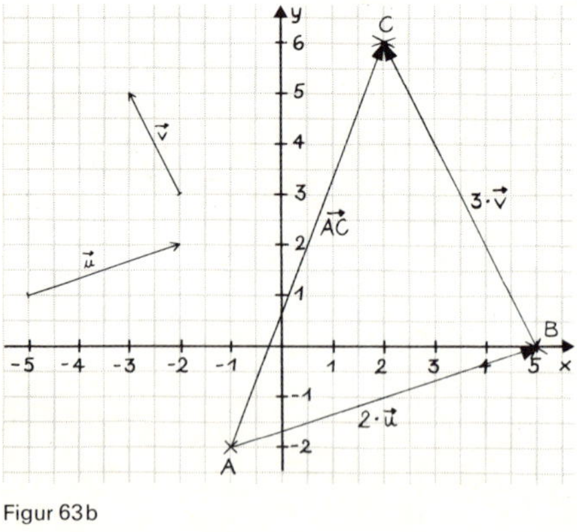

Figur 63b

c) C (2|6)

d) $\overrightarrow{AC} = \begin{pmatrix} 3 \\ 8 \end{pmatrix}$

$$2 \cdot \vec{u} + 3 \cdot \vec{v} =$$

$$= 2 \cdot \begin{pmatrix} 3 \\ 1 \end{pmatrix} + 3 \cdot \begin{pmatrix} -1 \\ 2 \end{pmatrix} =$$

$$= \begin{pmatrix} 6 \\ 2 \end{pmatrix} + \begin{pmatrix} -3 \\ 6 \end{pmatrix} = \begin{pmatrix} 3 \\ 8 \end{pmatrix}$$

Durch die Multiplikation mit –1 ändert sich nur die Orientierung des Vektors.

Seite 84

(40)

a) $-1 \cdot \vec{u} = -1 \cdot \begin{pmatrix} 2 \\ -3 \end{pmatrix} = \begin{pmatrix} -2 \\ 3 \end{pmatrix}$

b) $2 \cdot \vec{v} = 2 \cdot \begin{pmatrix} -1 \\ -2 \end{pmatrix} = \begin{pmatrix} -2 \\ -4 \end{pmatrix}$

c) $-3{,}5 \cdot \vec{v} = -3{,}5 \cdot \begin{pmatrix} -1 \\ -2 \end{pmatrix} = \begin{pmatrix} 3{,}5 \\ 7 \end{pmatrix}$

(41) a), b), c)

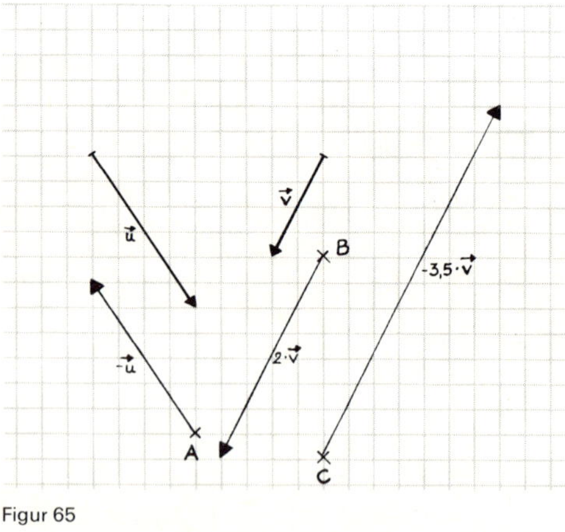

Figur 65

Betrag eines Vektors

Seite 85

$\vec{v} = \begin{pmatrix} 3 \\ 4 \end{pmatrix}$

$|\vec{v}|^2 = 3^2 + 4^2 = 25$

$\Rightarrow |\vec{v}| = \sqrt{25} = 5,$

da $|\vec{v}|$ nicht negativ ist.

(42)

a) $|\vec{v}| = \sqrt{144 + 25} = 13$

b) $|\vec{u}| = \sqrt{49 + 49} = 9{,}89$

c) $\overrightarrow{AB} = \begin{pmatrix} 18 - (-6) \\ -6 - 1 \end{pmatrix} = \begin{pmatrix} 24 \\ -7 \end{pmatrix}$

$|\overrightarrow{AB}| = \sqrt{576 + 49} = 25$

Seite 86

(43) $\overline{PQ} = \sqrt{(8 - 15)^2 + (6 + 9)^2} =$

$= \sqrt{49 + 225} = \sqrt{274} = 16{,}55$

1. Beispiel

a) $k = 2$

b) $k = -4$

- .... die x-Koordinaten mit derselben Zahl multipliziert wird, wie die y-Koordinate.
- .... sie parallel verlaufen.

2. Beispiel

a) $\vec{a}$ ist kollinear zu $\vec{c}$ und $\vec{h}$.

b) $\vec{b}$ ist kollinear zu $\vec{e}$ und $\vec{f}$.

Seite 87

3. Beispiel

a) $\vec{a}$ ist kollinear zu $\vec{c}$; $\vec{d}$ und $\vec{g}$.

b) $\vec{b}$ ist kollinear zu $\vec{e}$; $\vec{f}$ und $\vec{h}$.

4. Beispiel

$a_x = 12$

$\Rightarrow \vec{a} = \begin{pmatrix} 12 \\ -20 \end{pmatrix}$

(44)

a) $k = -3$

b) $k = -\frac{1}{4}$

(45) a), b)

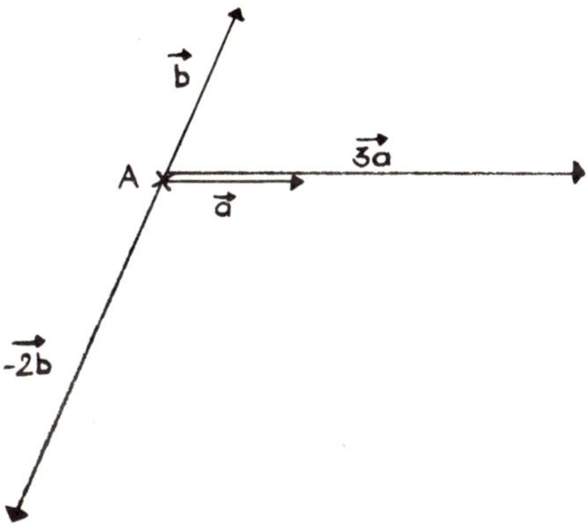

Figur 68

Seite 88

(46) $\vec{a}_1$ und $\vec{b}_1$ sind kollinear, mit $k_1 = -\frac{1}{3}$

$\vec{a}_2$ und $\vec{b}_2$ sind nicht kollinear.

$\vec{a}_3$ und $\vec{b}_3$ sind nicht kollinear.

(47)

a) $p_y = 15$

b) $s_y = -16$

Linearkombinationen

Beispiele

a)

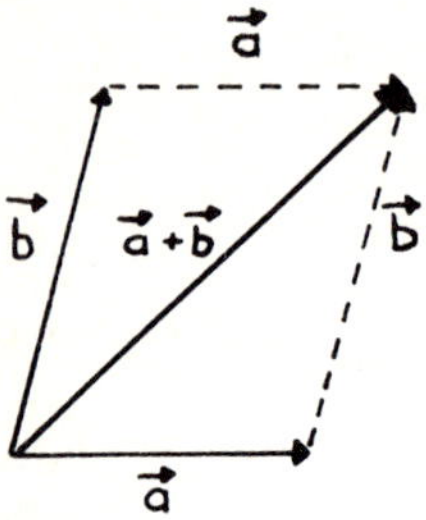

Figur 69

Seite 89

b)

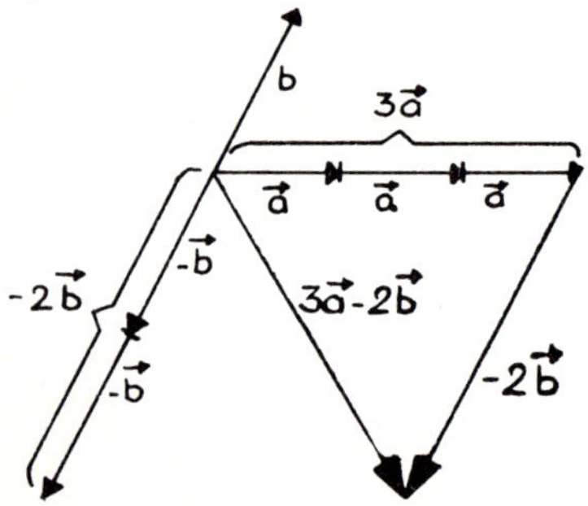

Figur 70

(48) a), b), c), d)

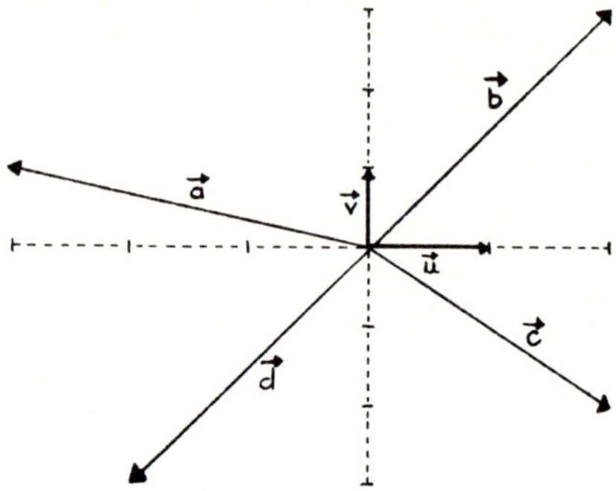

Figur 71

(49)

$\vec{a} = 3 \cdot \vec{u} + 2 \cdot \vec{v}$

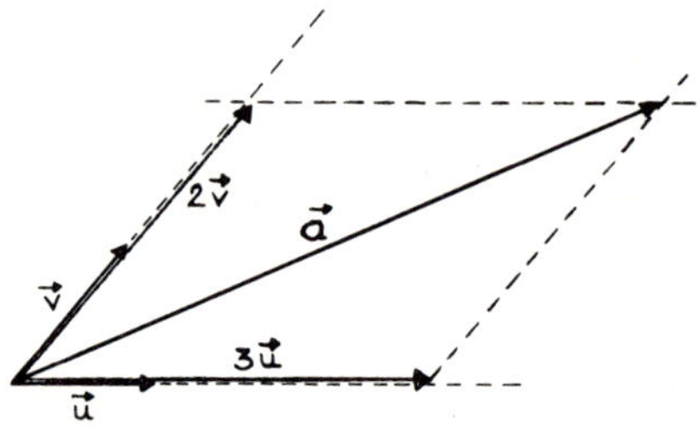

Figur 72

(50)

$\vec{b} = -3 \cdot \vec{x} + 4 \cdot \vec{y}$

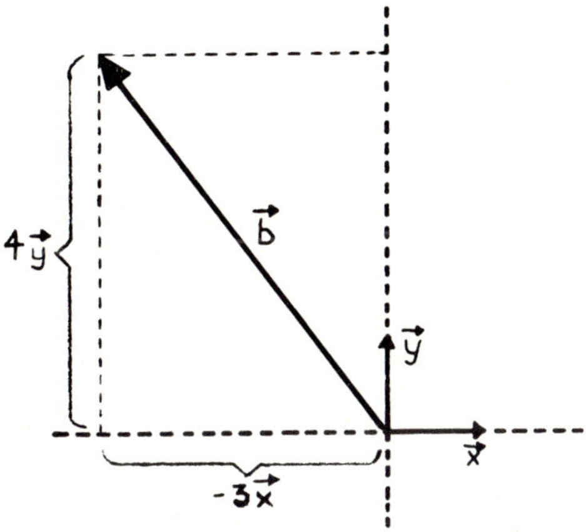

Figur 73a

II′ $\quad \frac{m}{2} = n$

II′ in I $\quad \underbrace{n + \frac{n}{2}} - \frac{1}{2} = 0$

$\Rightarrow \quad \frac{3}{2} \cdot n = \frac{1}{2}$

$\Rightarrow \quad n = \frac{1}{3}$

n in II′ $\quad \frac{m}{2} = \frac{1}{3} \Rightarrow m = \frac{2}{3}$

Seite 91

Beispiel zur Schwerlinie im Dreieck

$$\overrightarrow{AP} = \frac{1}{2} \cdot \overrightarrow{AB} + \frac{1}{2} \cdot \overrightarrow{AC}$$

$$\overrightarrow{CR} = -\overrightarrow{AC} + \frac{1}{2} \cdot \overrightarrow{AB}$$

$$m \cdot \left(\frac{1}{2} \cdot \overrightarrow{AB} + \frac{1}{2} \cdot \overrightarrow{AC}\right) + n \cdot \left(-\overrightarrow{AC} + \frac{1}{2} \cdot \overrightarrow{AB}\right) - \frac{1}{2} \cdot \overrightarrow{AB} = \vec{o}$$

Seite 92

$$\Rightarrow \overrightarrow{AB} \cdot \underbrace{\left(\frac{m}{2} + \frac{n}{2} - \frac{1}{2}\right)}_{I} + \overrightarrow{AC} \cdot \underbrace{\left(\frac{m}{2} - n\right)}_{II} = \vec{o}$$

I $\quad \frac{m}{2} + \frac{n}{2} - \frac{1}{2} = 0$

II $\quad \frac{m}{2} - n \qquad = 0$

(51)

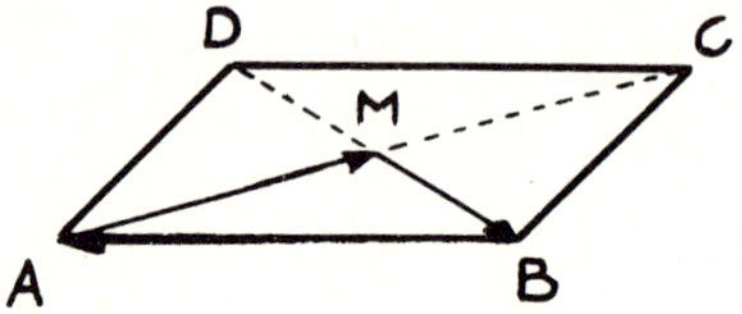

Figur 75

$\overrightarrow{AB}$ und $\overrightarrow{AD}$ seien die linear unabhängigen Basisvektoren, mit $\overrightarrow{AB} = \overrightarrow{DC}$ und $\overrightarrow{AD} = \overrightarrow{BC}$.

$\overrightarrow{AM} + \overrightarrow{MB} + \overrightarrow{BA} = \vec{o}$

Mit $\overrightarrow{AM} = p \cdot \overrightarrow{AC}$ und $\overrightarrow{MB} = q \cdot \overrightarrow{DB}$ gilt:

$$p \cdot (\overrightarrow{AB} + \overrightarrow{AD}) + q \cdot (-\overrightarrow{AD} + \overrightarrow{AB}) + (-\overrightarrow{AB}) = \vec{o}$$

$$\Rightarrow \overrightarrow{AB} \cdot (\underbrace{p + q - 1}_{\text{I}}) + \overrightarrow{AD} \cdot (\underbrace{p - q}_{\text{II}}) = \vec{o}$$

I $\quad p + q - 1 = 0$

II $\quad p - q = 0 \Rightarrow p = q$

II in I $\quad 2p - 1 = 0 \Rightarrow p = \frac{1}{2} = q$

Damit ist die Behauptung bewiesen.

Seite 93

Winkel zwischen zwei Vektoren

$$\vec{c} = -\vec{b} + \vec{a} = \begin{pmatrix} -b_x + a_x \\ -b_y + a_y \end{pmatrix}$$

$$|\vec{a}|^2 + |\vec{b}|^2 = |\vec{c}|^2$$

$$\Leftrightarrow a_x^2 + a_y^2 + b_x^2 + b_y^2 = (-b_x + a_x)^2 + (-b_y + a_y)^2$$

$$\Leftrightarrow a_x^2 + a_y^2 + b_x^2 + b_y^2 = b_x^2 - 2a_x \cdot b_x + a_x^2 + b_y^2 - 2a_y \cdot b_y + a_y^2$$

$$\Leftrightarrow 0 = -2a_x \cdot b_x - 2a_y \cdot b_y$$

$$\Leftrightarrow 0 = a_x \cdot b_x + a_y \cdot b_y$$

Seite 94

Beispiele

1) $3 \cdot (-4) + 4 \cdot 3 =$
$= -12 + 12 = 0$

2) $2 \cdot 1 + 5 \cdot b_y = 0$

$\Rightarrow \quad 5 \cdot b_y = -2$

$\Rightarrow \quad b_y = -\frac{2}{5}$

- Damit gilt:

$\vec{b} = \begin{pmatrix} 1 \\ -\frac{2}{5} \end{pmatrix}$

(52)

$a_x \cdot b_x + a_y \cdot b_y =$

$= 9 \cdot 8 + (-4) \cdot 18 =$

$= 72 - 72 = 0$

$\Rightarrow$ Die beiden Vektoren $\vec{a}$ und $\vec{b}$ sind orthogonal zueinander.

(53)

Die Regel ergibt: $\vec{b} = \begin{pmatrix} 3 \\ 1 \end{pmatrix}$

bzw.: $\vec{b} = \begin{pmatrix} -3 \\ -1 \end{pmatrix}$

Seite 95

(54)

$\vec{u} \circ \vec{v} = \begin{pmatrix} m \\ n \end{pmatrix} \circ \begin{pmatrix} -n \\ m \end{pmatrix} =$

$= m \cdot (-n) + n \cdot m = 0$

(55)

a) Für eine Raute muß gelten, daß alle Seiten des Vierecks gleich lang sind.

$|\overrightarrow{AB}| = \sqrt{(9-5)^2 + (6-3)^2} = 5$ LE

$|\overrightarrow{BC}| = \sqrt{(6-9)^2 + (10-6)^2} = 5$ LE

$|\overrightarrow{CD}| = \sqrt{(2-6)^2 + (7-10)^2} = 5$ LE

$|\overrightarrow{DA}| = \sqrt{(5-2)^2 + (3-7)^2} = 5$ LE

b)

$\left.\begin{array}{l} \overrightarrow{AC} = \begin{pmatrix} 1 \\ 7 \end{pmatrix} \\ \overrightarrow{BD} = \begin{pmatrix} -7 \\ 1 \end{pmatrix} \end{array}\right\} \Rightarrow \overrightarrow{AC} \circ \overrightarrow{BD} =$

$= \begin{pmatrix} 1 \\ 7 \end{pmatrix} \circ \begin{pmatrix} -7 \\ 1 \end{pmatrix} =$

$= 1 \cdot (-7) + 7 \cdot 1 = 0$

Seite 96

1. Vektor $\vec{a}$ in Koordinatenschreibweise:

$\vec{a} = \begin{pmatrix} 4 \\ 3 \end{pmatrix}$

2. Vektor $\vec{a}$ in Polarkoordinaten:

$\tan\alpha = \frac{3}{4} = 0{,}75 \Rightarrow \alpha = 37°$

$|\vec{a}| = \sqrt{4^2 + 3^2} = \sqrt{25} = 5$

$\vec{a} = (37°; 5)$

3. Vektor $\vec{a}$ in Winkelkoordinaten:

$\cos\alpha = \frac{a_x}{|\vec{a}|}$ bzw. $a_x = |\vec{a}| \cdot \cos\alpha$

$\sin\alpha = \frac{a_y}{|\vec{a}|}$ bzw. $a_y = |\vec{a}| \cdot \sin\alpha$

$\vec{a} = 5 \cdot \begin{pmatrix} 0{,}8 \\ 0{,}6 \end{pmatrix}$ oder auch

$\vec{a} = 5 \cdot \begin{pmatrix} \frac{4}{5} \\ \frac{3}{5} \end{pmatrix}$

Seite 97

(56)

a) $\vec{v} = \begin{pmatrix} -2 \\ 5 \end{pmatrix}$

b) $\vec{v} = (112°; \sqrt{29})$ bzw.

$\vec{v} = (112°; 5{,}38)$

c) $\vec{v} = 5{,}38 \cdot \begin{pmatrix} -0{,}3746 \\ 0{,}9272 \end{pmatrix}$

Seite 98

$$\vec{a} \circ \vec{b} = |\vec{a}| \cdot |\vec{b}| \cdot \begin{pmatrix} \cos\alpha \\ \sin\alpha \end{pmatrix} \circ \begin{pmatrix} \cos\beta \\ \sin\beta \end{pmatrix} =$$

$$= |\vec{a}| \cdot |\vec{b}| \cdot (\cos\alpha \cdot \cos\beta + \sin\alpha \cdot \sin\beta)$$

$$\cos\varphi = \frac{a_x \cdot b_x + a_y \cdot b_y}{\sqrt{a_x^2 + a_y^2} \cdot \sqrt{b_x^2 + b_y^2}}$$

Beispiel

$$\cos\varphi = \frac{5 \cdot 3 + 2 \cdot 6}{\sqrt{25 + 4} \cdot \sqrt{9 + 36}} = 0{,}7474$$

$$\Rightarrow \quad \varphi = 42°$$

(57)

a) $$\cos\varphi = \frac{(-4) \cdot 3 + 1 \cdot 2}{\sqrt{16 + 1} \cdot \sqrt{9 + 4}} = -0{,}6727$$

$$\Rightarrow \quad \varphi = 132°$$

b) $$\cos\varphi = \frac{(-5) \cdot 7 + (-3) \cdot 7}{\sqrt{25 + 9} \cdot \sqrt{49 + 49}} = -0{,}9701$$

$$\Rightarrow \quad \varphi = 166°$$

Seite 99

(58)

- $\overrightarrow{AB} = \begin{pmatrix} 7 \\ 7 \end{pmatrix}$; $\overrightarrow{AC} = \begin{pmatrix} -2 \\ 5 \end{pmatrix}$

$$\Rightarrow \cos\alpha = \frac{7 \cdot (-2) + 7 \cdot 5}{\sqrt{49 + 49} \cdot \sqrt{4 + 25}} =$$

$$= 0{,}3939$$

$$\Rightarrow \quad \alpha = 67°$$

- $\overrightarrow{BA} = \begin{pmatrix} -7 \\ -7 \end{pmatrix}$; $\overrightarrow{BC} = \begin{pmatrix} -9 \\ -2 \end{pmatrix}$

$$\Rightarrow \cos\beta = \frac{(-7) \cdot (-9) + (-7) \cdot (-2)}{\sqrt{49 + 49} \cdot \sqrt{81 + 4}} =$$

$$= 0{,}8437$$

$$\Rightarrow \quad \beta = 32°$$

- $\overrightarrow{CA} = \begin{pmatrix} 2 \\ -5 \end{pmatrix}$; $\overrightarrow{CB} = \begin{pmatrix} 9 \\ 2 \end{pmatrix}$

$$\Rightarrow \cos\gamma = \frac{2 \cdot 9 + (-5) \cdot 2}{\sqrt{4 + 25} \cdot \sqrt{81 + 4}} =$$

$$= 0{,}1611$$

$$\Rightarrow \quad \gamma = 81°$$

Vektorielle Addition von Geschwindigkeiten

Beispiel

- $\beta = 90° + 45° = 135°$
- $b = 720 \dfrac{\text{km}}{\text{h}} = 720 \cdot \dfrac{1000\,\text{m}}{3600\,\text{sec}} =$

$$= 200 \frac{\text{m}}{\text{sec}}$$

Seite 100

- $\dfrac{\sin\alpha}{\sin\beta} = \dfrac{a}{b}$

$$\Rightarrow \sin\alpha = \frac{a}{b} \cdot \sin\beta$$

$$\Rightarrow \sin\alpha = \frac{12}{200} \cdot 0{,}7071 = 0{,}04242$$

$$\Rightarrow \quad \alpha = 2{,}43°$$

$$\Rightarrow \quad \gamma = 42{,}57°$$

- Berechne mit Hilfe des Kosinussatzes c:

$c^2 = a^2 + b^2 - 2 \cdot a \cdot b \cdot \cos\gamma$

$\Rightarrow c^2 = 144 + 40\,000 - 2 \cdot 12 \cdot 200 \cdot 0{,}7364 =$
$= 36609{,}03$

$\Rightarrow c \;= 191{,}33$

Die Geschwindigkeit in östlicher Richtung
beträgt $191{,}33 \frac{\text{m}}{\text{sec}}$ bzw. $688{,}79 \frac{\text{km}}{\text{h}}$.

(59)

Im Dreieck ABC von Figur 81 gilt:

$a = 25;\ c = 200;\ \beta = 80° + 45° = 125°$

- $b^2 = a^2 + c^2 - 2 \cdot a \cdot c \cdot \cos\beta$

$\Rightarrow b^2 = 625 + 40\,000 - 2 \cdot 25 \cdot 200 \cdot (-0{,}5736) =$

$= 46\,360{,}76$

$\Rightarrow b \;= 215{,}31$

- $\frac{\sin\alpha}{\sin\beta} = \frac{a}{b}$

$\Rightarrow \sin\alpha = \frac{a}{b} \cdot \sin\beta$

$\Rightarrow \sin\alpha = \frac{25}{215{,}31} \cdot 0{,}8192 = 0{,}0951$

$\alpha = 5{,}46°$

Damit beträgt der Winkel der Kursrichtung
$45° + 5{,}46° = 50{,}46°$.